职业教育园林园艺类专业系列教材

园林工程测量

主　编　吴元龙
副主编　王　艳　彭丽芬　岳　丹
参　编　杨　群　蒋跃军　刘荣辉　张继兰　余国强
主　审　李新贵　阳　淑

机 械 工 业 出 版 社

本书是根据职业院校园林专业教学模式、就业形势以及中高职衔接人才培养方案，规划编写的职业院校园林专业教材。

本书分为9个单元，分别讲述测量基础知识、水准测量、角度测量、距离测量及直线定向、小地区控制测量、地形图的应用、点位测设基本工作及方法、园林工程测量、全站仪等内容。全书按照园林专业中高职衔接的需要，对园林测量各部分进行有机融合。本书还配有实训及试题库，使理论知识与实训相结合，紧密围绕专业测量的技能知识点，综合性强、实用性强。

本书宜作为职业院校和成人教育园林专业的教材，也可作为高等职业院校园林及相关专业的学习用书和参考书。

本书配有电子课件和微课视频，选用本书作为授课教材的教师可登录 www.cmpedu.com 注册、下载，或联系编辑（010-88379373）索取。此外，也可加入机工社园林园艺专家QQ群（425764048）索取。

图书在版编目（CIP）数据

园林工程测量/吴元龙主编. —北京：机械工业出版社，2017.5（2024.8重印）
职业教育园林园艺类专业系列教材
ISBN 978-7-111-56393-8

Ⅰ.①园… Ⅱ.①吴… Ⅲ.①园林-工程测量-高等职业教育-教材 Ⅳ.①TU986.2

中国版本图书馆CIP数据核字（2017）第059665号

机械工业出版社（北京市百万庄大街22号 邮政编码100037）
策划编辑：陈紫青 责任编辑：陈紫青 于伟蓉 责任校对：张 薇
封面设计：马精明 责任印制：常天培
固安县铭成印刷有限公司印刷
2024年8月第1版第7次印刷
210mm×285mm · 9印张 · 252千字
标准书号：ISBN 978-7-111-56393-8
定价：28.00元

电话服务
客服电话：010-88361066
010-88379833
010-68326294

网络服务
机 工 官 网：www.cmpbook.com
机 工 官 博：weibo.com/cmp1952
金 书 网：www.golden-book.com
机工教育服务网：www.cmpedu.com

前　言

为深化职业院校园林园艺专业课程改革、推广优秀课程改革成果，根据职业院校园林专业教学模式、就业形势以及中高职衔接人才培养方案，我们编写了本教材。本书适用于职业院校和成人教育园林专业的学生，也可作为相关人员的参考用书。

本书从测量基本知识入手，阐述了距离测量、角度测量和高差测量这三项基本测量工作，理论与实训相结合，使学生掌握测量工作所用仪器的构造原理和使用方法，以及测量的方法和技巧。通过本书的学习，学生应能独立完成基本的测量工作，能够根据图纸进行施工放样，能够进行内业计算，从而能够胜任园林建筑、园路、植物等园林工程的测量放线工作。

本书的编写分工如下：单元1和单元8由成都农业科技职业学院吴元龙编写，单元2和单元4由深圳技师学院王艳编写，单元3由红河州农业学校岳丹编写，单元5由贵州省林业学校彭丽芬编写，单元6由成都农业科技职业学院杨群编写，单元7由六盘水职业技术学院刘荣辉编写，单元9由成都农业科技职业学院蒋跃军编写，实训1~实训5由西南林业大学张继兰编写，实训6~实训10由成都农业科技职业学院余国强编写。全书由吴元龙担任主编并统稿，由王艳、彭丽芬、岳丹担任副主编，由贵州省林业学校李新贵和成都农业科技职业学院阳淑主审。

本书编写过程中得到了多方面的支持和帮助，同时参考了有关同仁的著作和资料，在此一并表示感谢。

由于编者水平有限，书中难免存在不足之处，恳请广大师生及读者提出宝贵意见和建议。

编　者

目　录

单元1 测量基础知识

[学习目标]

学习课程的预备知识。主要内容包括：测量学定义、任务分类及在园林建设中的作用；地面点位确定；测量基本内容、基本原则。

理解测量定义和任务；了解地球形状大小、椭圆球体、高斯平面直角坐标等；清楚并掌握水准面、大地水准面、绝对高程、相对高程、高差、经度、纬度、平面直角坐标等测量基本词汇。

在城市建设中，房屋建造、绿化施工、道路修建等都需要先在现场进行测量放线（图1-1），这就需要具备工程测量的知识。在此，我们首先学习测量的基础知识。

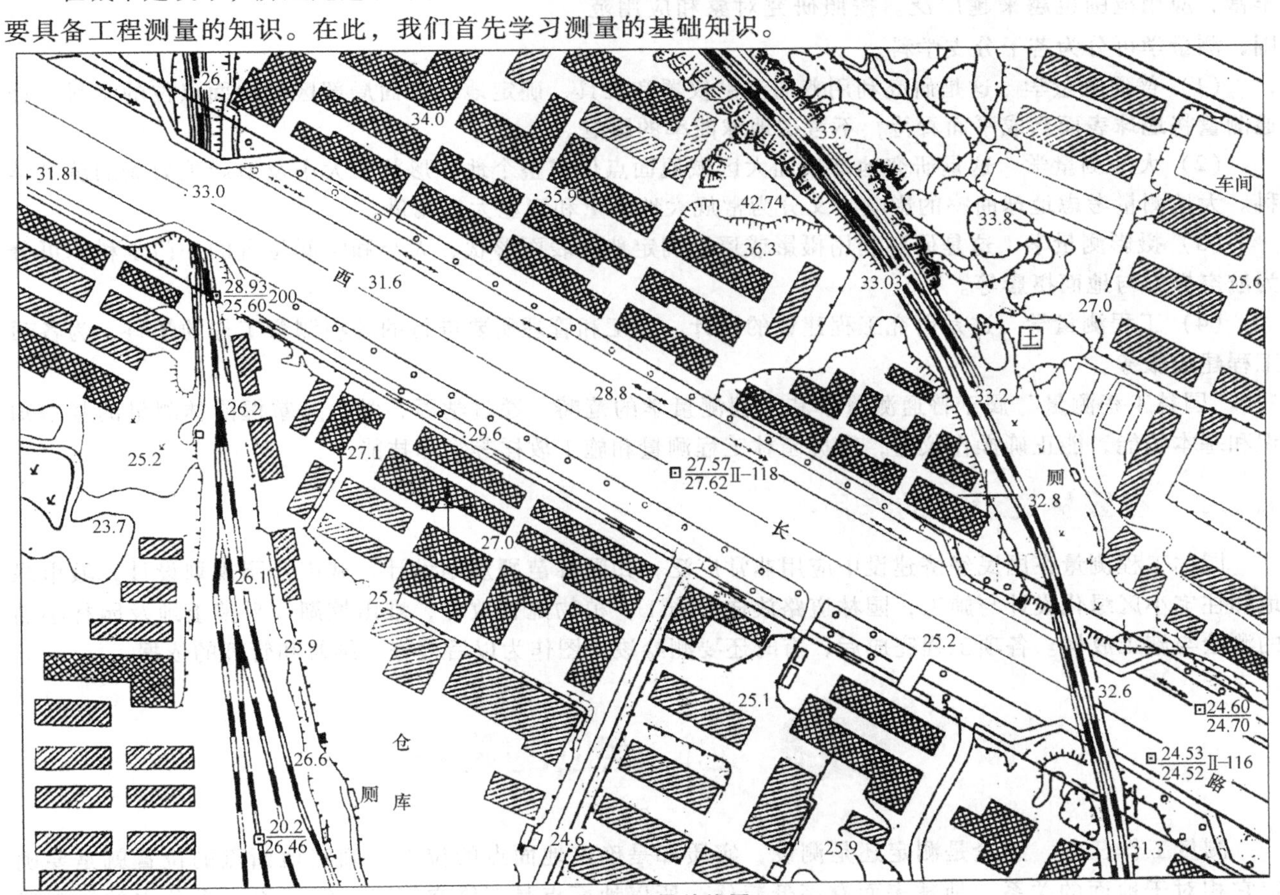

图1-1 测量放线图

1.1 测量任务及其在园林建设中的作用

1.1.1 园林工程测量的任务

测量学是研究地球的形状、大小以及地表物体的几何形状及其空间位置的学科。

在园林工程规划设计阶段，首先要测绘地形图，即为规划设计提供各种比例尺的地形图和测绘资料；在园林设计阶段，要利用地形图解决园林工程中的一些基本问题；在施工阶段，要将图纸上设计好的建筑物的平面位置和高程，按设计要求标定在地面上，作为施工的依据。园林工程测量的主要任务包括测图、读图与用图、施工放样三个方面的工作。

就工程建设而言，按其性质可分为测定和测设。测定即测绘，如图 1-2 所示，就是将地球表面局部区域的地物、地貌按一定的比例尺缩绘成地形图，作为规划、设计的依据。测设即放样，如图 1-3 所示，就是将图纸上规划、设计好的建筑物、构筑物的位置，按设计要求标定到地面上，作为施工的依据。

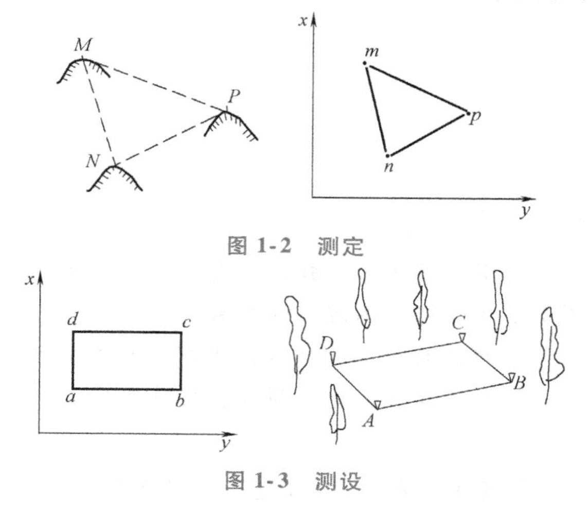

图 1-2 测定

图 1-3 测设

1.1.2 测量学的分类

由于生产和科学技术的发展，测量学的内容越来越丰富，应用范围也越来越广泛。按照研究对象和应用范围，测量学可分为若干分支学科。

（1）普通测量学　这是研究利用普通测量仪器和工具，确定地球表面局部区域地面点位的学科。普通测量将地球表面当成平面看待，不考虑地球曲率的影响。

（2）大地测量学　这是研究地球表面大区域地面点位或整个地球形状、大小及地球重力场的测量学科。大地测量考虑地球曲率的影响，又分为常规大地测量和卫星大地测量。

（3）摄影测量学　这是研究利用摄影或遥感确定地球表面形状、大小和空间位置的一门学科，可分为航空摄影与地面摄影等。

（4）工程测量学　这是研究工程建设的设计、施工和管理所要进行的各项测量工作的学科，为各项工程建设服务。

“园林工程测量”属于普通测量学和工程测量学的范畴。通过学习，学生应掌握园林测量的基本知识和基本技能，能正确操作仪器，掌握园林工程测量和施工放样等实际技能。

1.1.3 在园林建设中的作用

园林工程测量在国民经济建设中应用非常广泛，如园林苗圃规划设计，城市公园规划设计，城市绿地和住宅小区绿化设计与施工，园林道路放样与施工，植物配置放样，堆山挖湖、平整土地及园林小品的测绘与施工放样。各项工程完成后，有时还要测绘竣工图作为以后检查、维修和管理的依据。

1.2 地面点位的确定

测量工作任务，无论是测定还是测设，实质都是确定地面点的位置。确定地面点的位置就是要确定它相对于地面的关系。地球表面有高低起伏，所以地面点是三维空间点，需要由三个独立的量来确

定，这三个量就是地面点在地球表面的投影位置（纵坐标、横坐标）和该点到地球表面的铅垂距离（高程）。

1.2.1　地球形状和大小

地球表面上的海洋面积约占地表总面积的 71%，陆地面积约占 29%，因此我们把地球总的形状看成是被海水包围的球体。设想有一个静止的海水面向陆地延伸，这样形成封闭的曲面，我们称为水准面（图 1-4）。由于海水有潮汐，时高时低，故水准面有无数个。

取平均海水面的水准面作为地球形状和大小的标准，这个水准面称为大地水准面，即大地体（图1-5）。

图 1-4　水准面　　　　图 1-5　大地水准面

长期实践证明，大地水准面近似于一个旋转的椭球体。地球表面凸凹不平，球体也不规则，为了便于用数学模型来描述地球的形状和大小以及为了测绘工作方便，我们取大小和形状与大地水准面非常接近的又能用数学公式表达的旋转椭球体来代表地球的形状和大小，这个规则的椭球体称为参考椭球体（图 1-6）。

参考椭球体长轴和短轴如图 1-7 所示。我国目前采用的参考椭球体的参数为

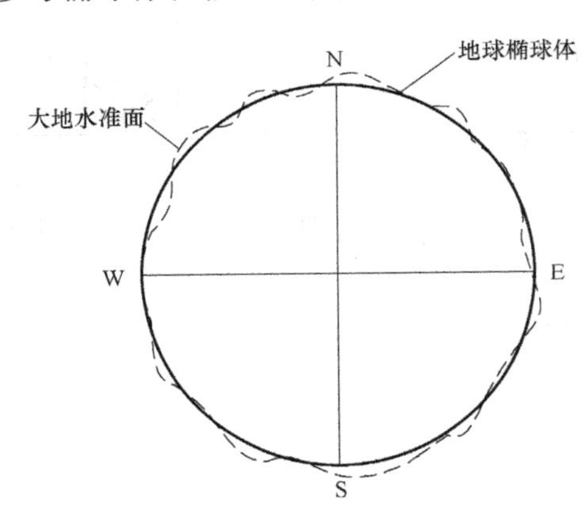

图 1-6　大地水准面和地球参考椭球体

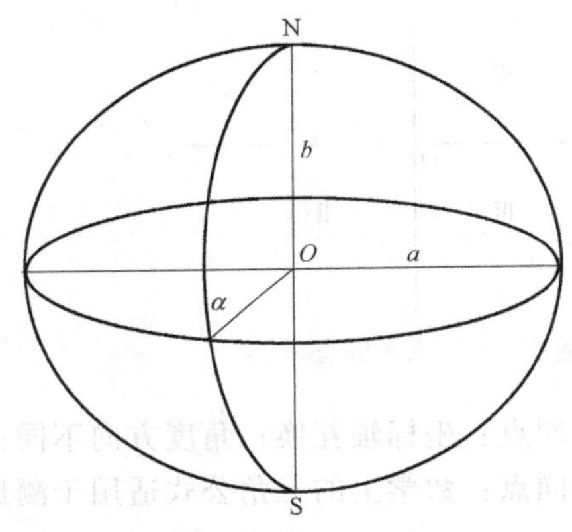

图 1-7　参考椭球体长轴和短轴

长半轴　$a=6378140\text{m}$

短半轴　$b=6356755\text{m}$

扁　率　$e=(a-b)/a=1/298.257$

由于参考椭球体扁率很小，所以在测量精度要求不高的情况下，可以把地球看成是圆球，半径取三个半轴的平均值，即半径 $R=(a+b+a)/3=6371\text{km}$。

1.2.2　地面点位的确定

1. 地面点的坐标

在大范围进行测量工作时，地面上任一点的位置，投影到参考椭球面上通常用经纬度表示。以经纬度确定的地面点的绝对位置，称为地理坐标；在小范围内测量（半径为 10km 的范围）时，则可将地球

表面看成是平面，地面上一点的相对位置，在平面上用直角坐标表示。

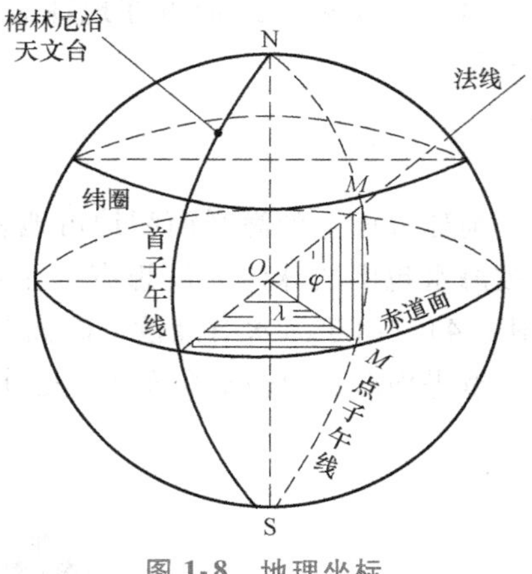

图 1-8 地理坐标

(1) 地理坐标 地球表面任意一点在地球椭球体上的坐标称为该点的地理坐标，一般用经度 λ 和纬度 φ 表示。如图 1-8 所示，N、S 分别是地球的北极和南极，NS 称为地轴。由地轴引出的半平面称为子午面，子午面与地球的交线称为子午线。通过英国伦敦格林尼治天文台的子午面称为首子午面。

过 M 点的子午面与首子午面的夹角 λ 称为 M 点的经度。由首子午面向东量为东经，向西量为西经，其值范围为 0°~180°。

通过地心且垂直于地轴的平面称为赤道面。过 M 点的铅垂线与赤道面的夹角 φ 称为纬度。由赤道面向北量为北纬，向南量为南纬，其值范围为 0°~90°。

(2) 平面直角坐标（图 1-9）

1) 平面直角坐标系有以下特点：

① 测量图纸上的方向，一般是上北下南，左西右东。

② 测量上的角度的起始方向规定为基本方向，通常为指北方向，角度增大的方向为顺时针方向。

③ 测量上以 x 轴为直角坐标系的纵轴，指北为正；以 y 轴为直角坐标系的横轴，指东为正。

④ 测量上角度增大的方向为象限顺序号方向。

2) 平面直角坐标系和数学坐标系既有联系又有区别，如图 1-10 所示。

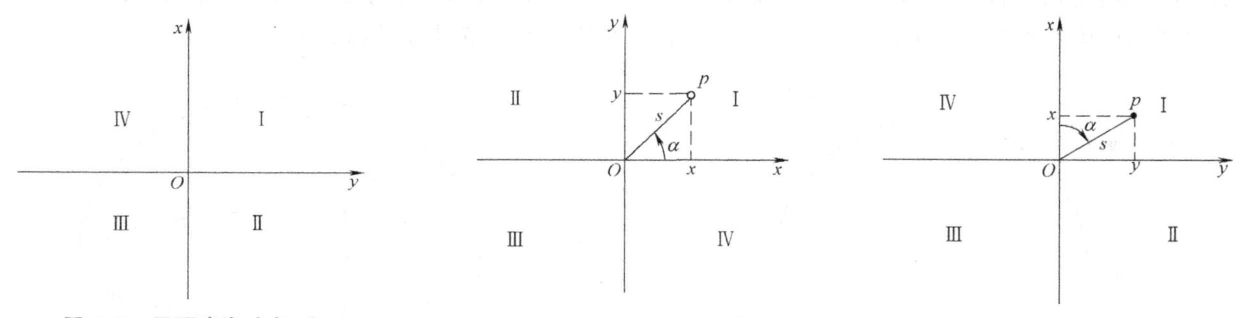

图 1-9 平面直角坐标系

图 1-10 数学坐标系（左）与测量坐标系（右）

不同点：坐标轴互换；角度方向不同；象限方向相反。

相同点：数学上的三角公式适用于测量平面坐标系，即

$$x = s\cos\alpha \tag{1-1a}$$

$$y = s\sin\alpha \tag{1-1b}$$

3) 为了使用方便，测量上用的平面直角坐标系的原点有时是假定的，假定原点的位置应使测区内各点的纵横坐标值都为正。

2. 地面点的高程

(1) 绝对高程 地面点到大地水准面的铅垂距离称为绝对高程，简称高程，用 H 表示，在地理学上通常称为海拔。如图 1-11 所示，H_A、H_B分别表示 A 点和 B 点的高程。

在我国，以青岛验潮站 1952 年至 1979 年的潮汐观测资料确定黄海的平均海平面作为基准面，在青岛建立了国家水准原点，其高程为 72.260m，称为“1985 国家高程基准”。

(2) 相对高程 地面点到假定水准面（任意水准面）的铅垂距离称为相对高程，用 H'表示。

局部地区采用国家高程基准有困难时，可以假定一个水准面作为高程起算面。如图 1-11 所示，H_A'、H_B'分别表示 A，B 两点的相对高程。

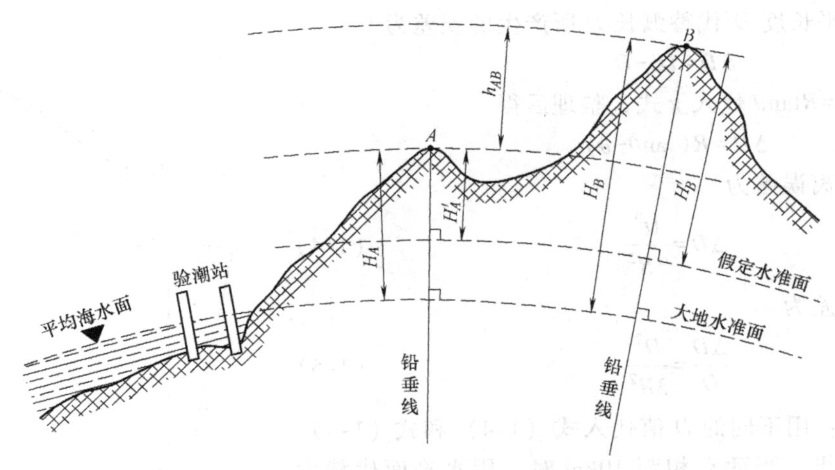

图 1-11　绝对高程、相对高程、高差

（3）高差　两个地面点的高程差称为高差，用 h 表示。

1.3　测量的基本内容

1.3.1　测量的基本内容

地面点的位置是由地面点在投影平面上的坐标（x，y）和高程（H）决定的，但是，在实际测量中，x、y、H 的值不能直接测定，需通过测定点位关系的三个基本要素推算。如图 1-12 所示。已知，A、B 点的坐标和高程，1 点为待测点，则待测点的坐标为

$$x_1 = x_B + \Delta x_{B1} \tag{1-2a}$$

$$y_1 = y_B + \Delta y_{B1} \tag{1-2b}$$

待测点的高程为

$$H_1 = H_B + h_{B1} \tag{1-3}$$

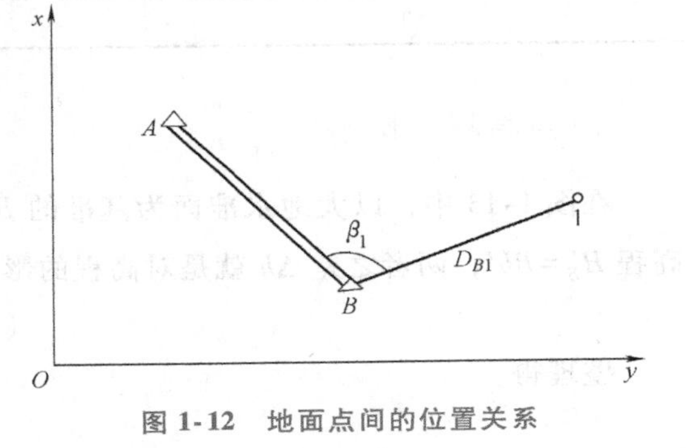

图 1-12　地面点间的位置关系

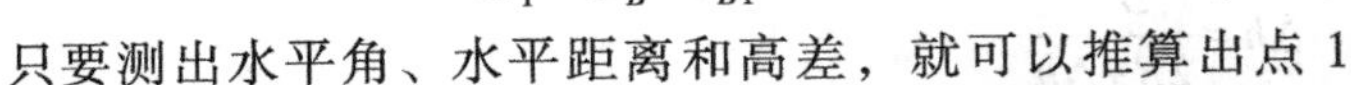

只要测出水平角、水平距离和高差，就可以推算出点 1 的平面直角坐标和高程。由此可见，角度、距离和高差是确定地面点位的三要素，因此，测角度、测距离和测高差是测量的基本内容。

测量工作一般分为外业和内业两种。外业测量包括用测量仪器和工具在测区内进行的各项测量工作；内业工作是将外业观测的结果加以整理、计算，并绘制成图以供使用。

1.3.2　用水平面代替水准面的限度

当测区范围小，用水平面代替水准面所产生的误差不超过测量误差的容许范围时，可以用水平面代替水准面。但是在多大面积范围内才容许这种代替，有必要加以讨论。为讨论方便，假定大地水准面为圆球面。

1. 对距离的影响

如图 1-13 所示，地面上 A、B 两点在大地水准面上的投影点为 a、b，用过 a 点的切平面代替大地水准面，则地面点在水平面的投影点是 a、b'。设 ab 弧长为 D，ab'长度为 D'，球面半径为 R，D 所对的圆

心角为 θ，则用水平长度 D'代替弧长 D 所产生的误差为

$$\Delta D=D'-D$$

将 $D=R\theta$，$D'=R\tan\theta$ 代入上式，整理后得

$$\Delta D=R(\tan\theta-\theta)$$

通过整理得距离误差为

$$\Delta D=\frac{D^3}{3R^2} \tag{1-4}$$

则距离相对误差为

$$\frac{\Delta D}{D}=\frac{D^2}{3R^2} \tag{1-5}$$

取 $R=6371\text{km}$，用不同的 D 值代入式（1-4）和式（1-5），可得到表 1-1 的结果。当两点相距 10km 时，用水平面代替大地水准面产生的长度误差为 0.8cm，相对误差为 1/1220000。所以在半径为 10km 测区内进行距离测量时，可以用水平面代替大地水准面。

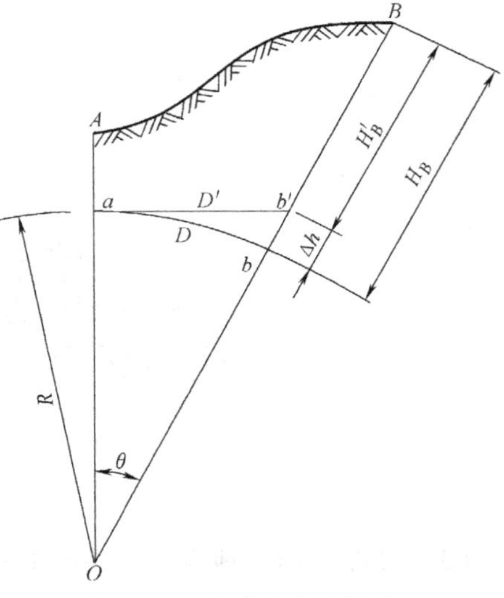

图 1-13　地球曲率的影响

表 1-1　用水平面代替水准面对距离的影响

距离 D/km	距离误差 ΔD/mm	相对误差 $\Delta D/D$
5	0.1	1/4870000
10	0.8	1/1220000
20	6.6	1/304000
50	102.7	1/48700

2. 对高程的影响

在图 1-13 中，以大地水准面为基准的 B 点绝对高程 $H_B=Bb$，用水平面代替大地水准面时，B 点的高程 $H'_B=Bb'$，两者之差 Δh 就是对高程的影响。在△Oab'中有

$$(R+\Delta h)^2=R^2+D'^2$$

整理得

$$\Delta h=\frac{D'^2}{2R+\Delta h}$$

D 与 D'相差很小，可用 D 代替 D'，Δh 与 $2R$ 相比可忽略不计，则

$$\Delta h=\frac{D^2}{2R} \tag{1-6}$$

取 $R=6371\text{km}$，用不同的 D 值代入式（1-6），可得到表 1-2 的结果。当两点相距 0.1km 时，用水平面代替大地水准面产生的长度误差为 0.8mm。所以在半径为 0.1km 测区内进行高程测量时，可以用水平面代替大地水准面。

表 1-2　用水平面代替水准面对高程的影响

距离 D/km	0.05	0.1	0.2	1	10
Δh/mm	0.2	0.8	3.1	78.5	7850

3. 对角度的影响（对水平角度的影响）

球面三角形内角和比平面三角形内角和大 ε，ε 即为地球曲率对角度的影响，其表达式为

$$\varepsilon=\rho\frac{A}{R^2} \tag{1-7}$$

式中　A——地面三角形面积，即球面三角形面积；

R——地球半径；

ρ——1弧度转化成的秒数，即 $\rho=206265''$。

取 $R=6371$km，用不同的 A 值代入式（1-7），可得到表1-3的结果。当测区半径为10km，测区范围在100km^{2}时，用水平面代替水准面，对角度的影响仅为0.51″，在普通测量工作中，可忽略不计。

表1-3　用水平面代替水准面对水平角的影响

地面面积 A/km^2	10	50	100	400
ε/(″)	0.05	0.25	0.51	2.03

1.4　测量的基本原则

测量中常说的“由整体到局部、先控制后碎部”是指：先在测区选择一些有控制作用的点，称为控制点；把坐标和高程精确测量出来，称为控制测量；然后分别以这些控制点为基础，测量出附近的碎部点的位置，称为碎部测量。

由于测量中不可避免地存在误差，故前一点的测量误差会传到下一点，精度逐渐下降。在控制测量或碎部测量工作中都有可能发生错误，小错误影响成果质量，严重错误则造成返工浪费，甚至造成不可挽回的损失。为了避免出错，测量工作必须遵循“前一步工作未作检核，不进行下一步工作”的原则。

综上所述，测量的四个基本原则是：在布局上由整体到局部；在程序上先控制后碎部；在精度上由高精度到低精度；每步都有检验审核。

单元2 水准测量

［学习目标］

通过学习，了解水准测量原理和 DS_3 水准仪构造；掌握 DS_3 微倾式水准仪粗平、瞄准、精平、读数操作；掌握水准测量施测方法和高差闭合差内业计算调整，能进行水准仪基本检验和校正；了解水准仪测量误差影响，掌握消除和减少误差的基本措施。

在地形测绘及现场施工放样中，都需要测定地面点的高程，如图 2-1 所示。测量地面点高程的工作，称为高程测量。高程测量按使用的仪器和方法不同，分为水准测量、三角高程测量和气压高程测量。其中，水准测量是高程测量的主要方法。本单元主要介绍水准测量。

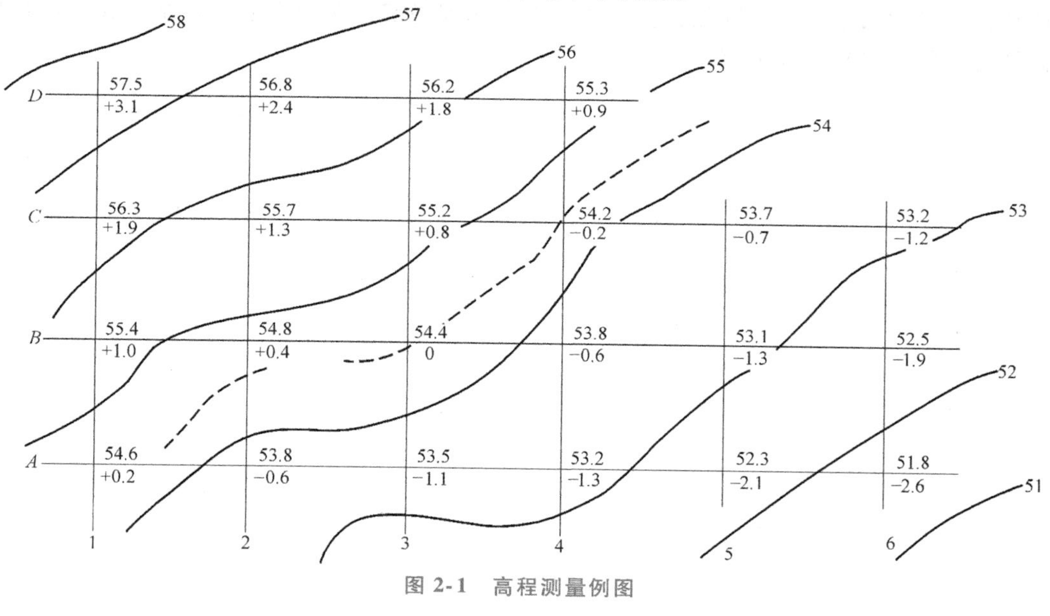

图 2-1 高程测量例图

2.1 水准测量原理及连续测量

2.1.1 水准测量原理

水准测量原理是利用水准仪提供一条水平视线，借助竖立在地面点上的水准尺，测量地面上两点之

间的高差，然后根据已知点高程推算未知点的高程。

高差的计算有两种方法，一是高差法，见式（2-1）和式（2-2）；二是视线高法，见式（2-3）和式（2-4）。

1. 高差法

如图 2-2 所示，欲测定 B 点的高程，则需先测量 A、B 两点的高差 h_{AB}。为此，可在 A、B 两点上竖立水准尺，并在其间安置水准仪，利用水准仪的水平视线分别在 A、B 两点水准尺上读取数值 a、b。由图 2-1 可知，A、B 两点的高差公式为

$$h_{AB}=a-b \tag{2-1}$$

如果已知 A 点的高程为 H_A 和测得的高差为 h_{AB}，则 B 点的高程为

$$H_B=H_A+h_{AB} \tag{2-2}$$

如果水准测量方向是由已知点 A 点到待测点 B 点进行的，则 A 点为后视点，a 为后视读数，B 点为前视点，b 为前视读数。A、B 两点的高差等于后视读数减去前视读数。h_{AB} 有正负，h_{AB} 表示 B 点相对于 A 的高程差。当 h_{AB} 为正时，表示 B 点高于 A 点；当 h_{AB} 为负时，表示 B 点低于 A 点；当 h_{AB} 为零时，表示 A 点 B 点等高。

2. 视线高法

由图 2-2 可知，B 点的高程也可以通过仪器的视线高 H_i 计算。

$$H_i=H_A+a \tag{2-3}$$

$$H_B=H_i-b \tag{2-4}$$

视线高法比较方便，安置一次仪器可以测量多个前视点的高程。

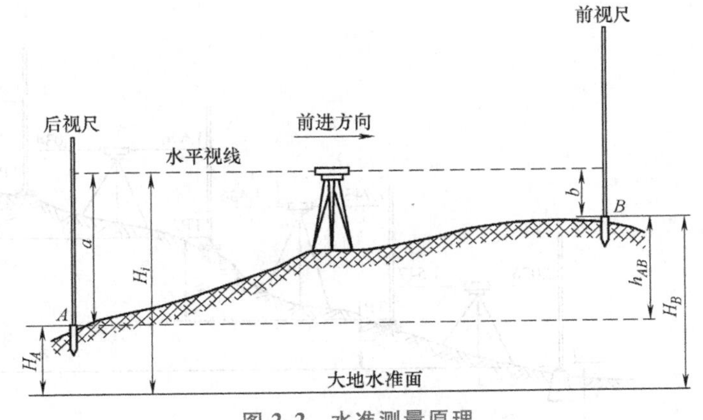

图 2-2　水准测量原理

2.1.2　连续水准测量

1. 连续水准测量原理

如图 2-2 所示，安置一次仪器（称为一个测站），就能测出两点间的高差。如图 2-3 所示，当 A、B 相距较远或者高差较大时，应在两点间临时选定若干转点（常用 TP 表示），并依次连续地测出相邻点间

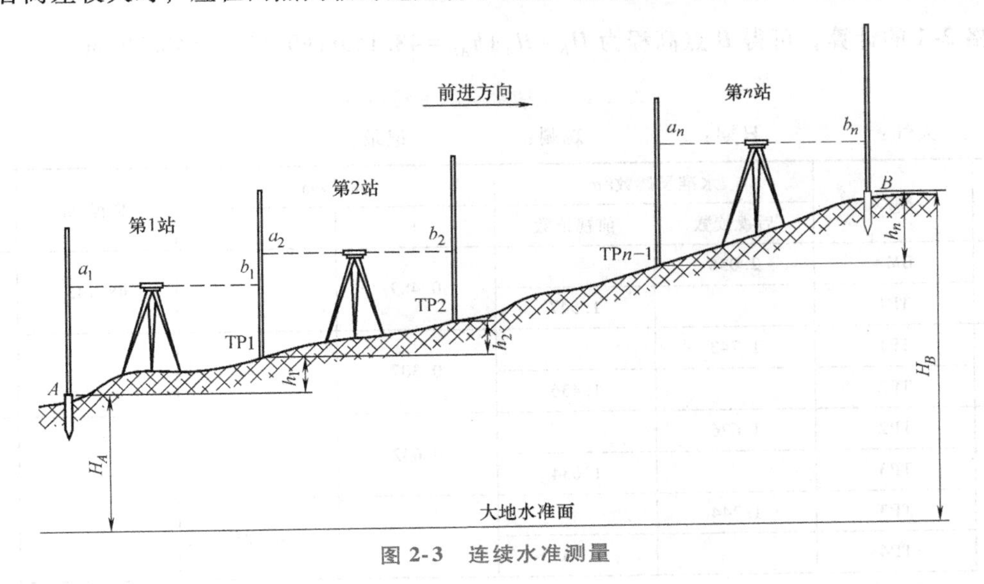

图 2-3　连续水准测量

的高差 h_1、h_2、h_3、…、h_n，从而测出 A、B 两点之间的高差。

$$h_{AB}=\sum h=(a_1-b_1)+(a_2-b_2)+(a_n-b_n)=\sum a-\sum b \tag{2-5}$$

$$H_B=H_A+\sum h = H_A+(\sum a-\sum b) \tag{2-6}$$

在水准测量过程中临时选定的立尺点，其上既有前视读数，又有后视读数，这些点称为转点，用 TP 表示。转点在测量过程中起转移仪器、传递高程的重要作用，应该选择在坚定稳固的地面上，以免水准尺下沉。

2. 施测方法

如图 2-4 所示，设 A 点为已知高程点，$H_A=48.145$m，欲测量 B 点高程，则施测步骤如下：

在 A 点和 TP1 中间大致位置安置水准仪，瞄准 A、TP1 点，分别读出 A 点后视读数 2.036m，TP1 点的前视读数 1.547 m，记录数据于表 2-1，后视读数减去前视读数为这一测站的高差；第一测站完成后，转点 TP1 不动，将 A 点的水准尺移到 TP2 点，在 TP1 、TP2 两点间大致等距离处安放水准仪，按前述方法进行观测和计算，依次类推，测至终点 B 点。

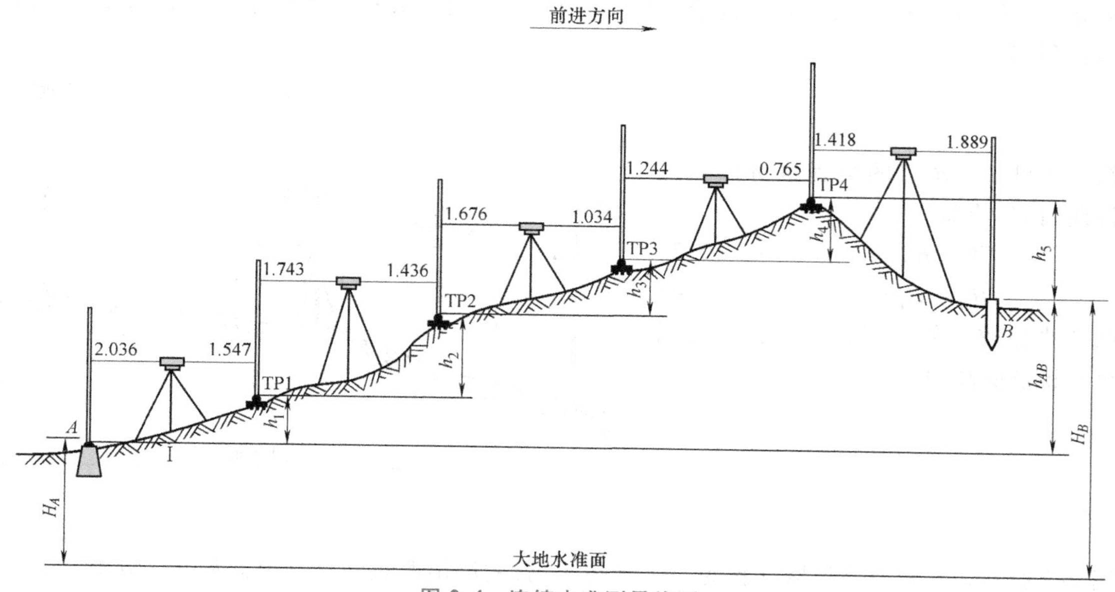

图 2-4　连续水准测量施测

通过表格 2-1 的计算，可得 B 点高程为 $H_B=H_A+h_{AB}=48.145\text{m}+0.176\text{m}=48.321\text{m}$。

表 2-1　连续水准测量观测表

仪器型号：　　天气：　　日期：　　观测：　　记录：

测站	测点	水准尺读数/m		高差/m		高程/m	备注
		后视读数	前视读数	+	−		
Ⅰ	BMA	2.036		0.489		48.145	(已知)
	TP1		1.547				
Ⅱ	TP1	1.743		0.307			
	TP2		1.436				
Ⅲ	TP2	1.676		0.642			
	TP3		1.034				
Ⅳ	TP3	1.244			0.521		
	TP4		1.765				

（续）

测站	测点	水准尺读数/m		高差/m		高程/m	备注
		后视读数	前视读数	+	-		
V	TP4	1.148			0.471	48.321	
	BMB		1.889				（待定）
Σ		7.847	7.671	1.438	1.262		
辅助计算	$\sum a-\sum b=7.847\text{m}-7.761\text{m}=+0.176\text{m}$ $\sum h=+1.438\text{m}+(-1.262)\text{m}=+0.176\text{m}$ 故 $\sum a-\sum b=\sum h$ $H_B-H_A=+0.176\text{m}$						

2.2 水准仪及水准测量工具

水准测量所用的仪器和工具主要有水准仪、水准尺和尺垫三种。

2.2.1 DS_3型微倾式水准仪

水准仪是用于测量地面点高程的仪器。类型很多，有 S_{05}、S_1、S_3和 S_{10}等型号，常用 DS_3型微倾式水准仪中的“D”和“S”分别为“大地测量”和“水准仪”意思，“3”表示仪器进行水准测量每千米往、返测高差中的偶然中误差不超过±3mm。

水准仪主要由望远镜、水准器和基座三部分组成，如图2-5所示。

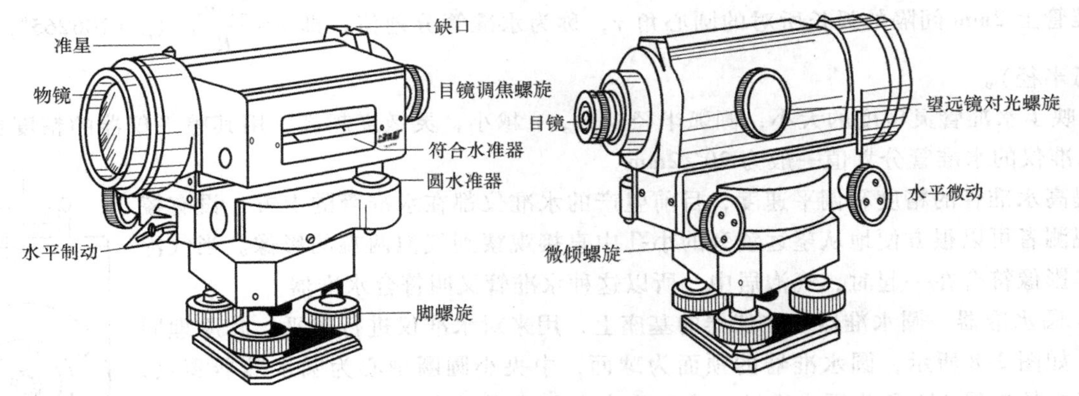

图2-5 DS_3水准仪的结构组成

1. 望远镜

望远镜是构成水平视线、瞄准目标并对水准尺进行读数的主要部件。目前主要为内对光望远镜。如图2-6所示，望远镜主要由物镜、对光透镜、十字丝网和目镜构成。各部分的作用如下：

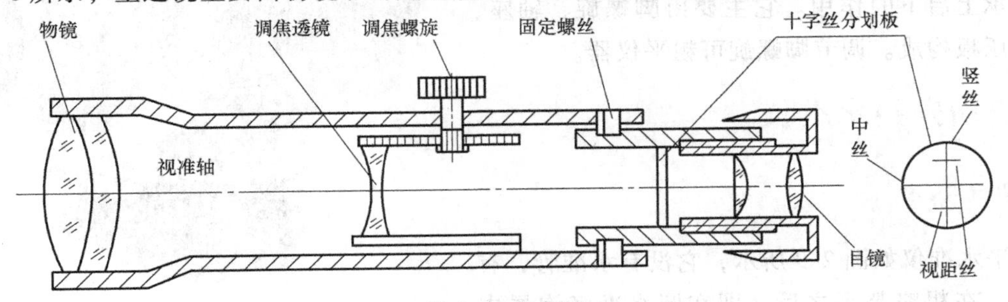

图2-6 望远镜

1）物镜：成缩小倒立实像。

2）对光透镜：使图像落在十字丝分划板上。

3）十字丝：对准目标，读取水准尺上的读数。

4）目镜：使十字丝目标清晰（用目镜调焦螺旋调节十字丝清晰度）。

5）十字丝分划板：由竖丝（纵丝）、视距丝（横丝）、中丝组成。

6）视准轴：十字丝交点与物镜光心的连线。此轴即为水准仪提供的水平视线轴。

2. 水准器

水准器是整平仪器的装置，有水准管和圆水准器两种。

（1）水准管　又称管水准器，如图2-7所示。

原理：气泡永远处于管内最高处。据该原理可做如此设计：用玻璃管制成密封容器，管内壁研磨成一定半径的圆弧，管内注液体形成气泡，管两端各有刻划间隔2mm的分划线。分划线的对称中心，称为水准管零点，过零点与圆弧相切的切线（*LL*）称为水准管轴。

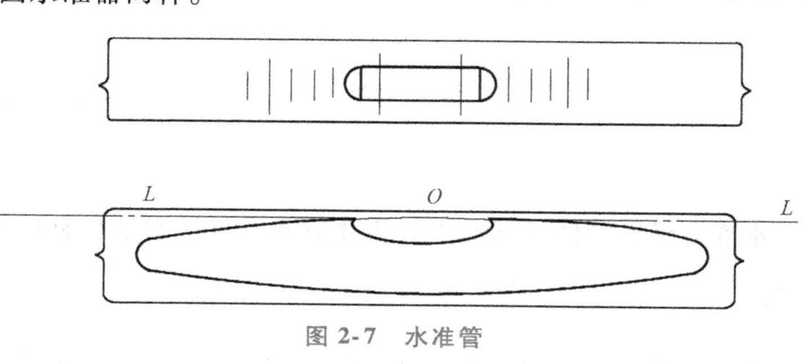

图2-7　水准管

这样当气泡居中时，*LL*便处于水平位置。若水准管轴平行于视准轴，则气泡居中时，视准轴处于水平位置。

水准管上2mm间隔的弧长所对的圆心角τ，称为水准管分划值，即$\tau=\frac{2mm}{R}\rho$（$\rho=206265''$，R为水准管圆弧半径）。

τ反映了水准管灵敏度的大小，圆弧半径越大，τ越小，灵敏度越高，用其整平仪器的精度也越高。DS_3型水准仪的水准管分划值一般为20″/2mm。

为提高水准管的精度和调平速度，目前生产的水准仪都在水准管的上方，设有棱镜组，观测者可以很方便地从望远镜旁的小孔中直接观察到气泡两端的影像。当气泡两端的半影像符合在一起时，气泡居中，所以这种水准管又叫符合水准器。

（2）圆水准器　圆水准器装在仪器的基座上，用来对水准仪进行粗平。其原理同水准管。如图2-8所示，圆水准器的顶面为球面，中央小圆圈中心为圆水准器零点，零点与球心的连线*L′L′*称为圆水准轴。当气泡中心与零点重合时，表示气泡居中，圆水准器轴处于竖直位置。若圆水准器轴与仪器竖轴平行，则气泡居中时，仪器竖轴也处于竖直方向。水准仪上圆水准器的分划值τ较大，一般为8′/2mm。

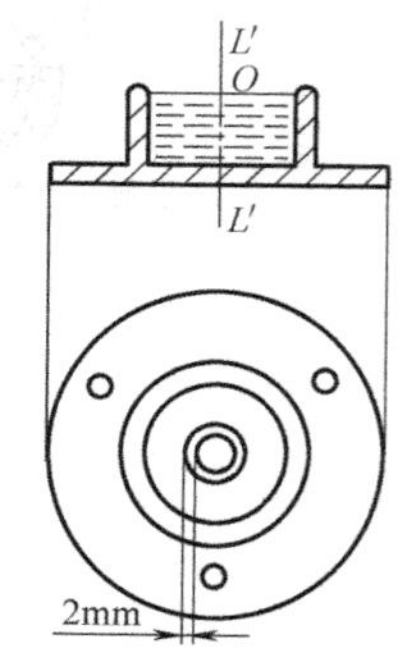

图2-8　圆水准器

3. 基座

基座起承上启下的作用。它主要由脚螺旋、轴座、底板和三角压板构成。调节脚螺旋可粗平仪器。

2.2.2　自动安平水准仪

1. 仪器的特点

图2-9　自动安平水准仪

自动安平水准仪如图2-9所示，它没有水准管，有自动补偿器，在粗略整平之后，即在圆水准气泡居中

的条件下，利用仪器内部的自动安平补偿器，就能获得视线水平时的正确读数，省略了精平过程，从而提高了观测速度和整平精度。

2. 原理

如图 2-10 所示，视准轴倾斜 α 角，正确读数 Z_0 的水平光线通过补偿器后偏转 β 角，在条件 $f\alpha = s\beta$ 下，到达十字丝的交点。

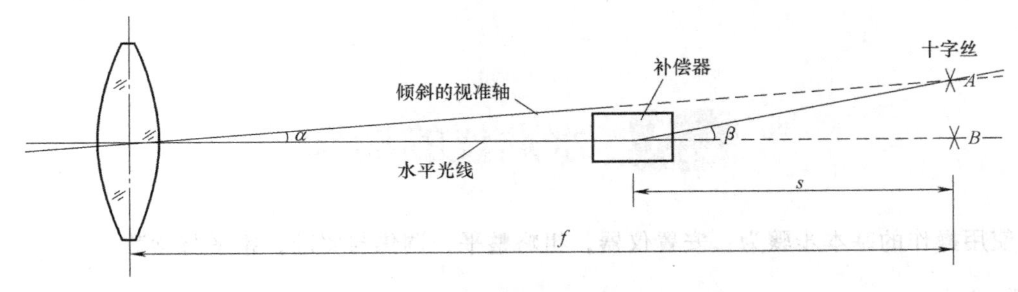

图 2-10　自动安平水准仪补偿器原理

2.2.3　水准尺

水准尺常用的有双面水准尺和塔尺两种。

1. 双面水准尺

双面水准尺可用于三、四等水准测量。它分黑红两面，黑面以零起算，倒字注记，红面从 4.687 或 4.787 起算（零点差），4.687 和 4.787 的两根水准组成一对，如图 2-11 所示。

2. 塔尺

塔尺（图 2-12）一般由两到三节组成，可以伸缩，有 3m 长和 5m 长两种，注记有正字和倒字两种，仅用于等外水准测量中。

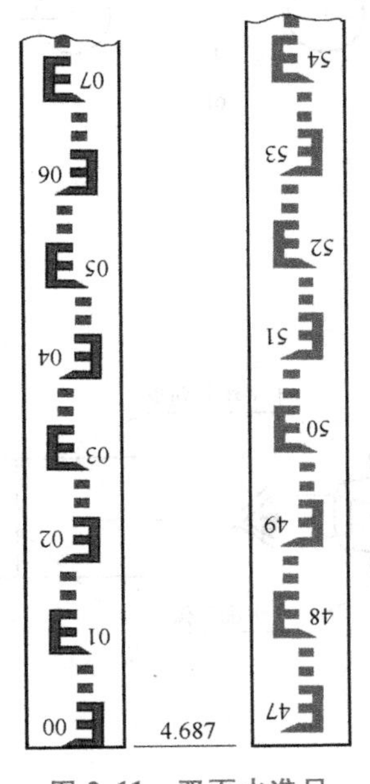

图 2-11　双面水准尺

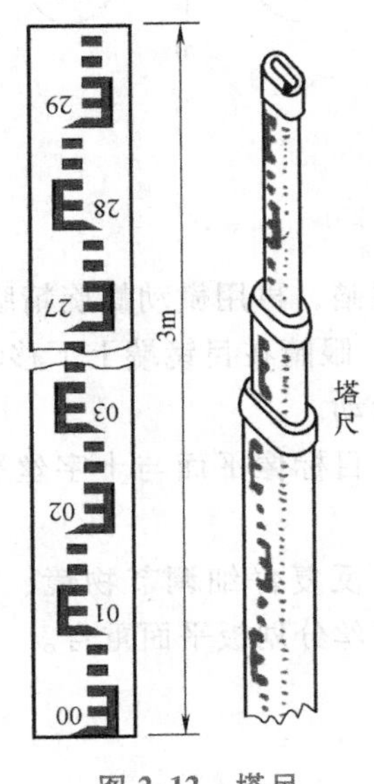

图 2-12　塔尺

2.2.4 尺垫

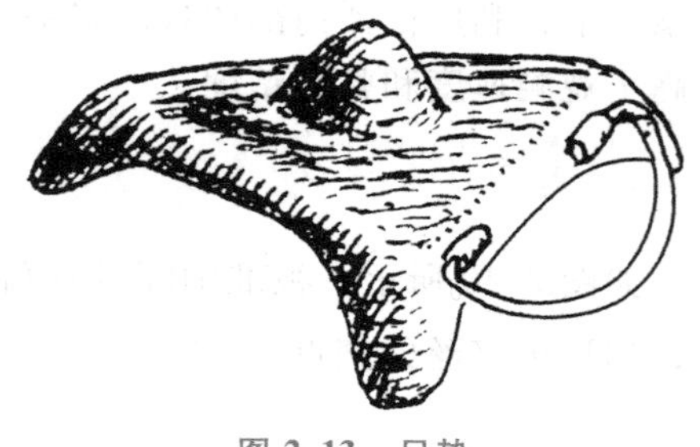
图 2-13 尺垫

尺垫（图 2-13）由生铁铸成，一般为三角形或圆形底板中央有一个突起的半球形圆顶，下有三尖脚，使用时，将三尖脚伸入地下、踩实，然后将水准尺立于半球形的顶部，以防水准尺下沉和点位移动。

2.3 水准仪的操作

水准仪使用操作的基本步骤为：安置仪器，粗略整平，调焦与照准，精平与读数。

1. 安置仪器

调整三脚架的脚，使之高度适当并撑稳，架头目估大致水平。然后取出水准仪，用连接螺旋将仪器固定在三脚架上。

2. 粗略整平

用脚螺旋使圆水准器气泡居中，该过程称为粗平。如图 2-14a 所示，选择脚螺旋①②，双手以相对方向转动两个螺旋，使气泡移至两个螺旋连线的中间位置，如图 2-14b 所示；然后旋转脚螺旋③，使气泡居中，如图 2-14c 所示。气泡移动规律为：气泡运动方向始终与左手大拇指指向一致。

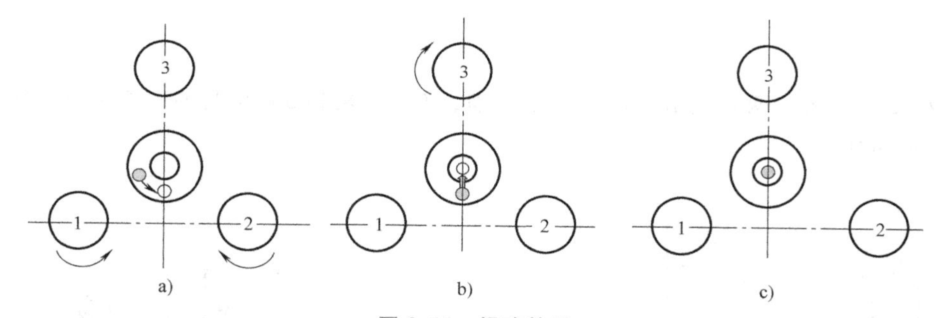

图 2-14 粗略整平

3. 照准目标

用准星器粗瞄，再用微动螺旋精瞄。瞄准时应注意消除视差。

视差定义：眼睛在目镜端上下移动时，十字丝与目标像有相对运动。

产生原因：目标像平面与十字丝平面不重合，如图 2-15 所示。

消除方法：反复仔细调节物镜、目镜调焦螺旋，直至尺像与十字丝分划板平面重合。

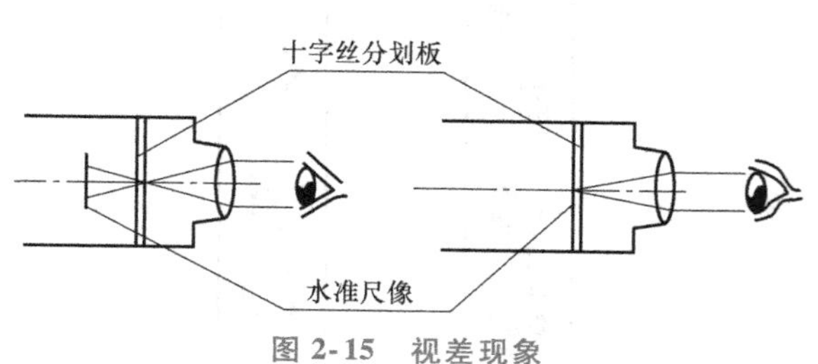

图 2-15 视差现象

4. 精平

调节微倾螺旋，使气泡两端的像重合，该过程为精平，如图 2-16 所示。

规律：左半侧气泡投影像的移动方向与右手大拇指移动方向一致。

说明：自动安平水准仪不需要进行精平。

5. 读数

方法：米、分米看尺面上的注记，厘米读尺面上的格数，毫米估读。

规律：读数在尺面上按由小到大的方向读。故仪器若成倒像的，从上往下读；若成正像，即从下往上读。图 2-17 所示水准尺读数应为 1.465m。

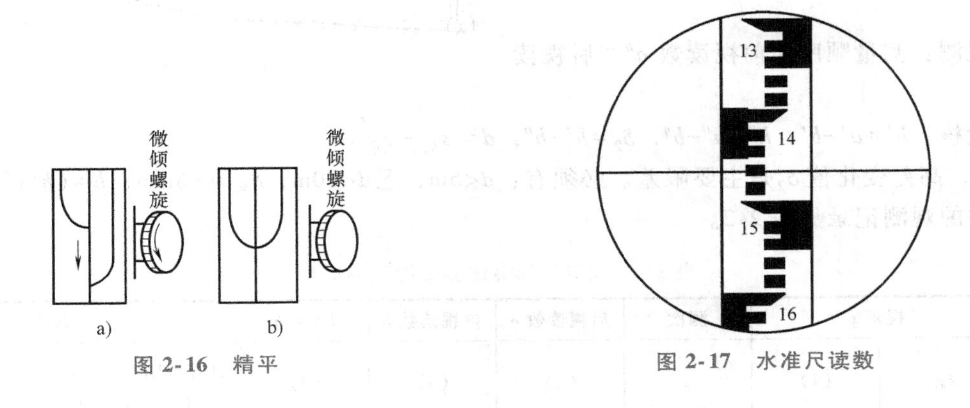

图 2-16 精平

图 2-17 水准尺读数

2.4 水准测量观测检验

2.4.1 水准点

水准测量中已知高程的点，称为水准点。水准点是水准测量中测高程的依据，用 BM 表示。水准点有两种：永久性水准点和临时性水准点，分别如图 2-18 和图 2-19 所示。

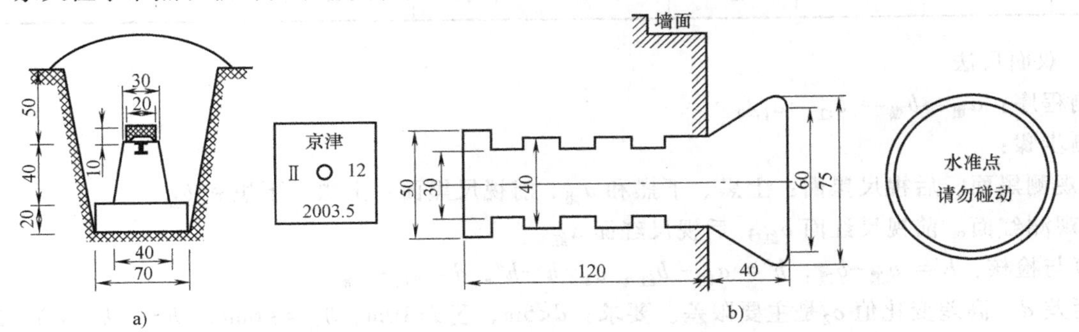

图 2-18 永久性水准点

a) 普通混凝土水准标石（单位：cm） b) 墙角水准点标志埋设（单位：mm）

2.4.2 水准测量观测与检验

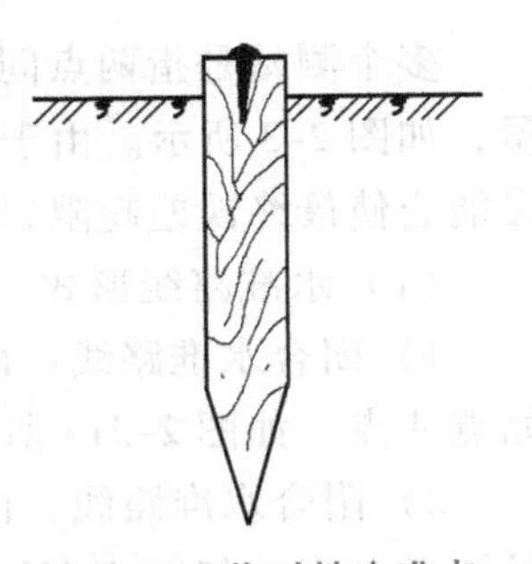

图 2-19 临时性水准点

在水准测量中，为了避免观测、记录和计算中发生人为误差，并保证测量成果达到一定的精度要求，必须利用一定的条件来检验所测成果的正确性。一般有两种形式：单个测站和多个测站。

1. 单个测站

单个测站是指两点间距离较近，只需安置一次水准仪就能完成水准测量，如图 2-20 所示。

（1）改变仪器高法

第一次观测：在两点之前大致等距离位置安置仪器。测量顺序为：

后视视距 $s_{后}$、后视读数 a'，前视视距 $s_{前}$、前视读数 b'。

变动三脚架高度：变仪高约 10cm，重新安置水准仪。

第二次观测：测量顺序为前视读数 a''，后视读数 b''。

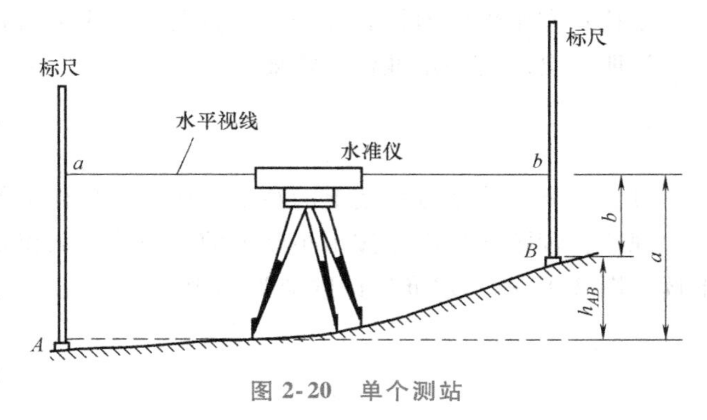

图 2-20　单个测站

计算与检核：$h'=a'-b'$，$h''=a''-b''$，$\delta_2=h'-h''$，$d=s_{后}-s_{前}$。

视距差 d、高差变化值 δ_2 是主要限差。必须有：$d<5\text{m}$，$\sum d<10\text{m}$，$\delta_{容}=\pm6\text{mm}$，$h=(h'+h'')/2$。改变仪器高法测站的观测记录见表 2-2。

表 2-2　改变仪器高法测站的观测记录

测站	视距 s		测次	后视读数 a	前视读数 b	$h=a-b$	备注
	$s_{后}$	(1)	1	(2)	(5)	(7)	计算说明 d:(1)-(3)→(4) h':(2)-(5)→(7) h'':(9)-(8)→(10) $\delta_2=h'-h''$ $h=(h'+h'')/2$→(11) "→":记入的意思
	$s_{前}$	(3)	2	(9)	(8)	(10)	
	d	(4)	$\sum d$	(6)	平均 h	(11)	
1	$s_{后}$	56.30	1	1.731	1.215	0.516	一般技术要求 $s_{后}$、$s_{前}<100\text{m}$ $d<5\text{m}$，$\sum d<10\text{m}$ $\delta_{容}=\pm6\text{mm}$
	$s_{前}$	53.20	2	1.693	1.173	0.520	
	d	3.1	$\sum d$	3.1	平均 h	0.518	

（2）双面尺法

观测程序：$a_{黑}\rightarrow b_{黑}\rightarrow b_{红}\rightarrow a_{红}$。

观测步骤：

1）观测黑面。后视尺黑面：上黑、下黑和 $a_{黑}$；前视尺黑面：上黑、下黑和 $b_{黑}$。

2）观测红面。前视尺红面 $b_{红}$；后视尺红面 $a_{红}$。

计算与检核：$h'=a_{黑}-b_{黑}$，$h''=a_{红}-b_{红}$，$\delta_2=h'-h''$，$d=s_{后}-s_{前}$。

视距差 d、高差变化值 δ_2 是主要限差。要求：$d<5\text{m}$，$\sum d<10\text{m}$，$\delta_{容}=\pm6\text{mm}$，$h=(h'+h'')/2$。

2. 多个测站

多个测站是指两点间距离较远，安置一次水准仪不能完成水准测量，需要安置多次仪器的水准测量，如图 2-3 所示。由于测站测量存在误差，且每一个测站的误差会在路线的测量中积累，积累的结果可能会使最终误差超限，所以必须进行水准路线成果的检验。

（1）水准路线形式

1）闭合水准路线：由已知水准点 A 点开始，经过中间点 1、2、3、4 进行水准测量，最后仍回到起始点 A 点，如图 2-21a 所示。

2）附合水准路线：由已知水准点 A 点开始，经过中间点 1、2、3 进行水准测量，最后连测到另一已知点 B 点，如图 2-21b 所示。

3）支水准路线：由已知水准点 A 点开始，经过中间点进行测量，最后既没闭合到起始点，也没附合到另一已知点，如图 2-21c 所示。

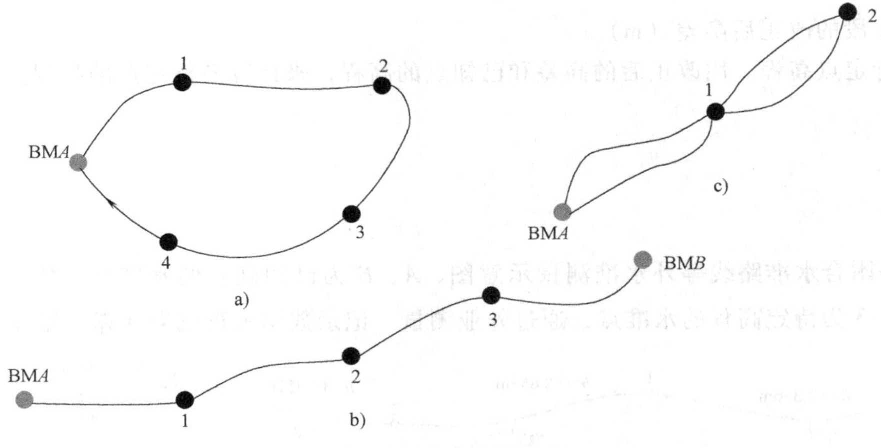

图 2-21 水准路线形式

a）闭合水准路线 b）附合水准路线 c）支水准路线

（2）水准测量成果计算 成果计算时，要先检查野外观测表格，计算各点间高差，经检核无误，计算高差闭合差，若符合精度要求，调整闭合差，最后求出各点的高程。

1）计算高差闭合差。理论上，测量高差等于理论高差，但由于测量高差存在误差，两者实际上并不相等，它们的差称为高差闭合差，即

$$f_h = \sum h_{测} - \sum h_{理} \tag{2-7}$$

对应三种水准路线，高差闭合差有以下形式：

① 闭合水准路线：检验条件 $\sum h_{理}=0$，则有

$$f_h = \sum h_{测} - \sum h_{理} = \sum h_{测} \tag{2-8}$$

② 附合水准路线：检验条件 $\sum h_{理}=H_{终}-H_{始}$，则有

$$f_h = \sum h_{测} - \sum h_{理} = \sum h_{测} - (H_{终}-H_{始}) \tag{2-9}$$

③ 支水准路线：检验条件 $\sum h_{往}=\sum h_{返}$，则有

$$f_h = \sum h_{往} - \sum h_{返} \tag{2-10}$$

2）水准测量精度要求

$$f_{h允} = \pm 40\sqrt{L} \quad 平地 \tag{2-11}$$

$$f_{h允} = \pm 12\sqrt{n} \quad 山地 \tag{2-12}$$

式中 $f_{h允}$——高差闭合差限差（mm）；

L——水准路线长（km）；

n——测站数。

3）高差闭合差分配原则。按与距离 L 或测站数 n 成正比原则，将高差闭合差反号分配到各段高差上，即

$$v_i = -\frac{f_h}{\sum n} n_i \qquad v_i = -\frac{f_h}{\sum L} L_i \tag{2-13}$$

式中 v_i——第 i 测段的高差改正数（mm）；

$\sum n$、$\sum L$——水准路线总测站数与总长度；

n_i、L_i——第测段的测站数与测段长度。

高差改正数的总和与高差闭合差大小相等，符号相反。即

$$\sum v_i = -f_h \tag{2-14}$$

4）各测段改正后高差等于各测段观测高差加上相应的改正数，即

$$\bar{h}_i = h_{i测} + v_i \tag{2-15}$$

式中　$\bar{h}_i$——第 i 段的改正后高差（m）。

5）计算各待定点高程。用改正后的高差和已知点的高程，来计算各待定点的高程。

2.4.3　案例分析

1. 附合水准路线

图 2-22 是一附合水准路线等外水准测量示意图，A、B 为已知高程的水准点，$H_A = 72.536\text{m}$，$H_B = 77.062\text{m}$，1、2、3 为待定高程的水准点，通过外业测量，记录数据进行成果计算，见表 2-3。

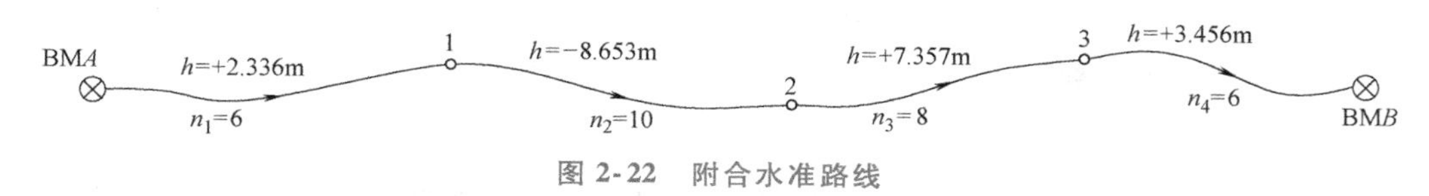

图 2-22　附合水准路线

表 2-3　附合水准路线成果计算表

点名	测站数	实测高差/m	改正数/m	改正后高差/m	高程/m
A					72.536
	6	+2.336	+0.006	+2.342	
1					74.878
	10	-8.653	+0.010	-8.643	
2					66.235
	8	+7.357	+0.008	+7.365	
3					73.600
	6	+3.456	+0.006	+3.462	
B					77.062
Σ	30	+4.496	+0.030	+4.526	

辅助计算：

$$f_h = \sum h_{实测} - (H_{终} - H_{始}) = 4.496\text{m} - (77.062\text{m} - 72.536\text{m}) = -0.03\text{m}$$

$$f_{h允} = \pm 12\sqrt{n} = \pm 12\sqrt{30}\text{mm} \approx \pm 66\text{mm} \quad f_h < f_{h允} \quad \text{成果合格}$$

具体计算如下：

第一步计算高差闭合差

$$f_h = \sum h_{实测} - (H_{终} - H_{始}) = 4.496\text{m} - (77.062\text{m} - 72.536\text{m}) = -0.03\text{m}$$

第二步计算限差

$$f_{h允} = \pm 12\sqrt{n} = \pm 12\sqrt{30}\text{mm} \approx \pm 66\text{mm}$$

$$f_h < f_{h允} \quad 故可进行闭合差分配$$

第三步计算高差改正数

$$v_i = -\frac{f_h}{\sum n} n_i$$

$$v_1 = +6\text{mm}，\quad v_2 = +10\text{mm}，\quad v_3 = +8\text{mm}，\quad v_4 = +6\text{mm}。$$

经过检验，

$$\sum v_i = -f_h$$

第四步计算各段改正后高差

$$\bar{h}_i = h_{i测} + v_i$$

$$\bar{h}_1 = h_1 + v_1 = 2.336\text{m} + 0.006\text{m} = 2.342\text{m}$$

$$\bar{h}_2 = h_2 + v_2 = -8.653\text{m} + 0.010\text{m} = -8.643\text{m}$$

$$\bar{h}_3 = h_3 + v_3 = 7.357\text{m} + 0.008\text{m} = 7.345\text{m}$$

$$\bar{h}_4 = h_4 + v_4 = 3.456\text{m} + 0.006\text{m} = 3.462\text{m}$$

第五步计算各待定点1、2、3点的高程

$$H_1 = H_A + \bar{h}_1 = 72.536\text{m} + 2.342\text{m} = 74.878\text{m}$$

$$H_2 = H_1 + \bar{h}_2 = 74.878\text{m} - 8.643\text{m} = 66.235\text{m}$$

$$H_3 = H_2 + \bar{h}_3 = 66.235\text{m} + 7.345\text{m} = 73.60\text{m}$$

$$H_B = H_3 + \bar{h}_4 = 73.60\text{m} + 3.462\text{m} = 77.062\text{m}$$

2. 闭合水准路线

图2-23是一闭合水准路线等外水准测量示意图，A 为已知高程的水准点，$H_A = 44.856\text{m}$，1、2、3为待定高程的水准点。通过外业测量，记录数据进行成果计算，见表格2-4。

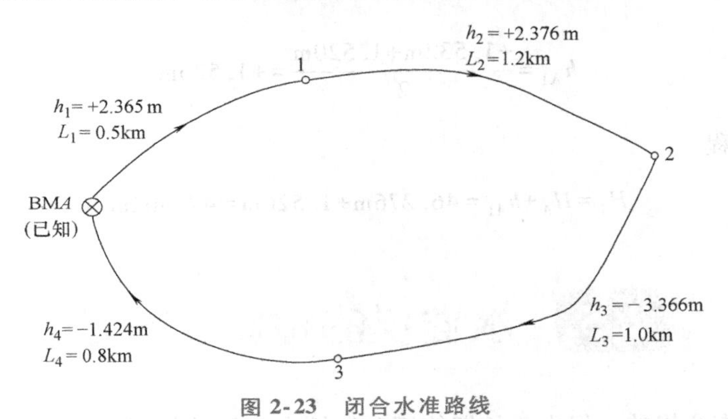

图2-23 闭合水准路线

表2-4 闭合水准路线成果计算表

点名	距离/km	实测高差/m	改正数/m	改正后高差/m	高程/m
A					44.856
	0.5	+2.365	+0.007	+2.372	
1					47.228
	1.2	+2.376	+0.017	+2.393	
2					49.621
	1.0	−3.366	+0.014	−3.352	
3					46.269
	0.8	−1.424	+0.011	−1.413	
A					44.856
Σ	3.5	−0.049	+0.049	0	

辅助计算：

$$f_h = \sum h_{实测} = -0.049\text{m}$$

$$f_{h允} = \pm 40\sqrt{L} = \pm 40\sqrt{3.5}\text{m} \approx \pm 75\text{mm}$$

$$f_h \leq f_{h允} \quad 成果合格$$

3. 支水准路线

如图2-24所示，A 为已知高程的水准点，其高程 H_A 为46.276m，1点为待定高程的水准点，$h_{往}$ 和

$h_{返}$为往返测量的观测高差。往、返测的测站数共 16 站，则 1 点的高程计算如下：

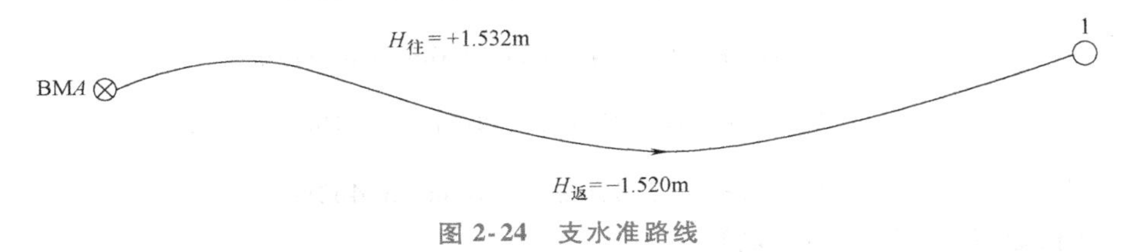

图 2-24 支水准路线

（1）计算高差闭合

$$f_h = h_{往} + h_{返} = +1.532\text{m} + (-1.520\text{m}) = +0.012\text{m} = +12\text{mm}$$

（2）测站数
$$n = \frac{1}{2}(n_{往} + n_{返}) = \frac{1}{2} \times 16\text{站} = 8\text{站}$$

$$f_{h允} = \pm 12\sqrt{n} = \pm 12\sqrt{8}\,\text{mm} = \pm 34\text{mm}$$

因 $f_h < f_{h允}$，故精确度符合要求。

（3）计算改正后高差　取往测和返测的高差绝对值的平均值作为 A 和 1 两点间的高差，其符号和往测高差符号相同，即

$$h_{A1} = \frac{+1.532\text{m} + 1.520\text{m}}{2} = +1.526\text{m}$$

（4）计算待定点高程

$$H_1 = H_A + h_{A1} = 46.276\text{m} + 1.526\text{m} = 47.802\text{m}$$

2.5 水准仪的检验和校正

仪器出厂时是经检查合格的，但由于长期使用和运输中的震动等影响，各部分螺钉松动，各轴线发生变化。因此，必须对仪器进行检验与校正。

2.5.1 水准仪的轴线及其应满足的条件

如图 2-25 所示，水准仪的四条主轴线是：望远镜视准轴 CC；水准管轴 LL；圆水准器轴 $L'L'$；仪器竖轴 VV。它们应满足的几何条件是 $CC /\!/ LL$；$L'L' /\!/ VV$；十字丝横丝 $\perp VV$。其中，$CC /\!/ LL$ 为主要条件，因为水准测量关键在于提供一条水平视线，视线是否水平是根据水准管的气泡居中来判断的。

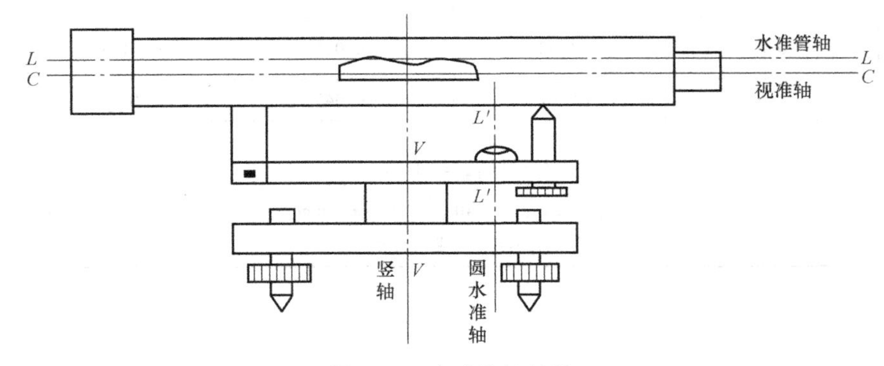

图 2-25 水准仪的轴线

2.5.2 水准仪的检验与校正

1. 圆水准器的检验与校正

目的：$L'L' /\!/ VV$

检验：转动脚螺旋，气泡居中，将仪器转动180°，气泡是否居中（若不居中则不平行）。

校正：转动脚螺旋使气泡回到偏离距离的一半，然后用校正针松开圆水准器的固定螺钉，拨动三个校正螺钉（图2-26），使气泡居中，如此反复进行，直至满足 $L'L' /\!/ VV$，然后将固定螺钉拧紧。

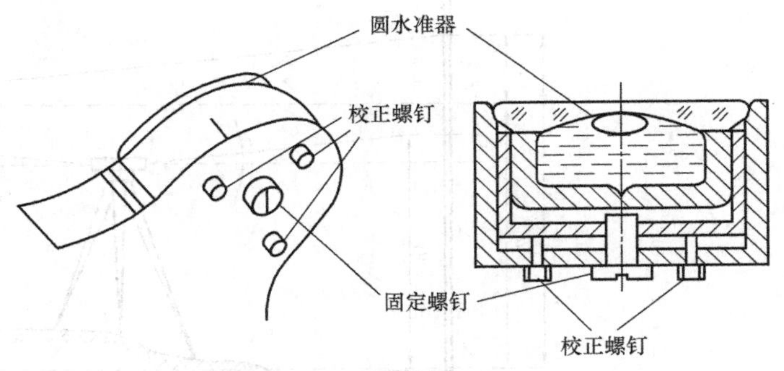

图2-26 圆水准器的校正

2. 十字丝的检验与校正

目的：十字丝横丝 ⊥ VV

检验：仪器整平后，用十字丝交点对准远处某点，水平移动望远镜，如果点在横丝上相对移动，则表示满足要求（图2-27a、b），否则两者不竖直（图2-27c、d），应做校正。

校正：松开目镜上的三个螺钉，转动十字丝分划板固定螺旋（图2-27e、f），直至满足要求，再拧紧螺钉。

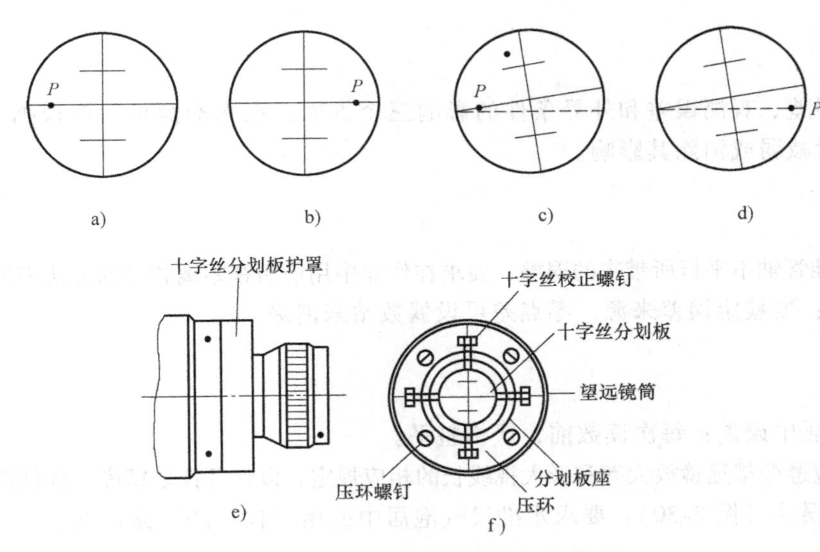

图2-27 十字丝的检验与校正

3. 水准管的检验与校正

目的：$CC /\!/ LL$

检验：如图2-28所示，将仪器置于 A、B 两点中间（严格），采用两次测量的方法（即双仪器高法）取平均值，得出 A、B 两点的正确高差 h_{AB}；再将仪器移至 B 点附近约3m，读取前视读数 b_2，b_2 为正确读数，$a_2'=b_2+h_{AB}$，如读数的 a_2 与 a_2' 不符，则表明误差存在，且误差为

$$i=\frac{(a_2'-a_2)\rho}{D_{AB}}=\frac{\Delta h\rho}{D_{AB}} \quad (\rho=206265'')$$

对于 DS_3 型水准仪，当 $i>20''$ 时，应校正。

校正：首先转动微倾螺旋，使读数与计算出的相等，使水准管气泡居中，然后拧紧左（或右）边的螺钉。

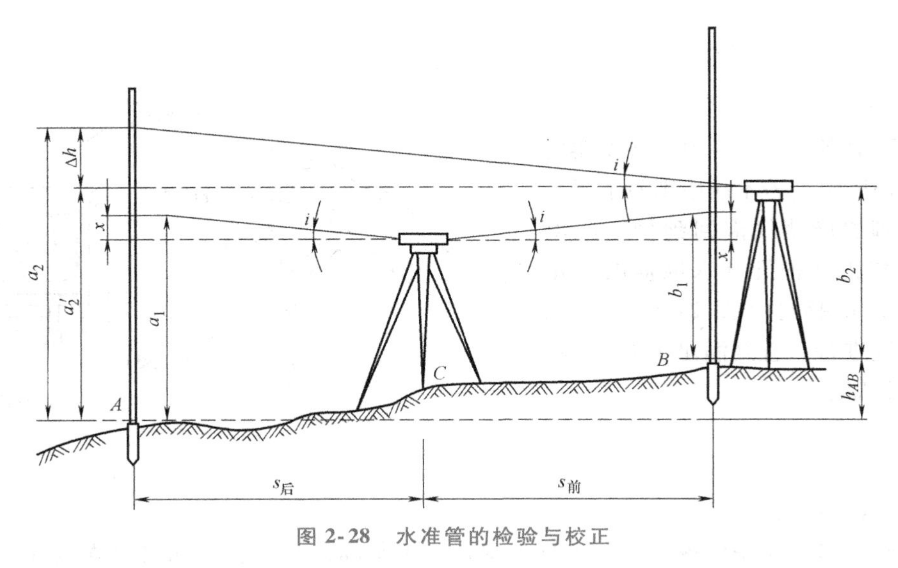

图 2-28　水准管的检验与校正

2.6 水准测量误差及注意事项

误差包括仪器误差、观测误差和外界条件的影响三个方面。在水准测量中应根据产生误差的原因，采取相应措施，尽量减弱或消除其影响。

1. 仪器误差

1）视准轴与水准管轴不平行所带来的误差，要求在作业中用前后视距离相等的方法来消除（图 2-29）。

2）水准尺误差：要检定误差来源，零点差可设偶数站来消除。

2. 观测误差

1）水准管气泡居中误差：每次读数前，严格整平。

2）读数误差：应遵循望远镜放大率和最大视线长的相应规定，以保证读数精度，仔细调焦，消除误差。

3）水准尺倾斜误差（图 2-30）：要求水准尺气泡居中或用“摇尺法”来读数。

3. 外界条件的影响

1）地球曲率与大气折光的影响（图 2-31）：要求前后视距离相等，同时选择有利时间以控制视线。

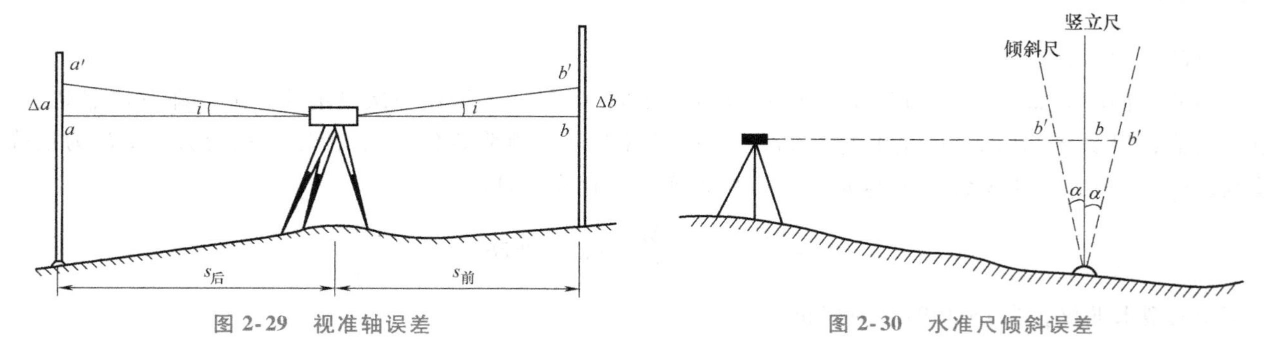

图 2-29　视准轴误差

图 2-30　水准尺倾斜误差

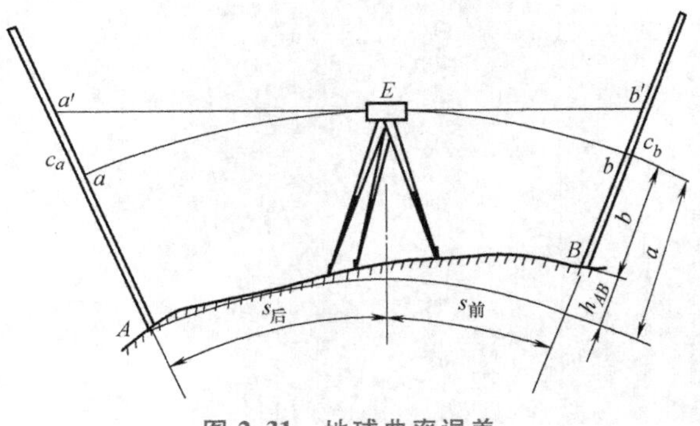

图 2-31 地球曲率误差

2）温度的影响：要防止阳光直接照射气泡。

3）仪器和尺垫的影响：注意和采取一些方法，如“后前前后”“黑黑红红”的观测程序，往返观测方法，以及适当选择转点等。

图 2-32 所示为仪器的影响示意图，当采用“黑黑红红”的观测程序时：

黑面读数高差 $h_{黑}=a_1-(b_1+\Delta)=a_1-b_1-\Delta$

红面读数高差 $h_{红}=(a_2+\Delta)-b_2=a_2+\Delta-b_2$

取两次高差的平均值得 $h=\dfrac{(a_1-b_1)+(a_2-b_2)}{2}$

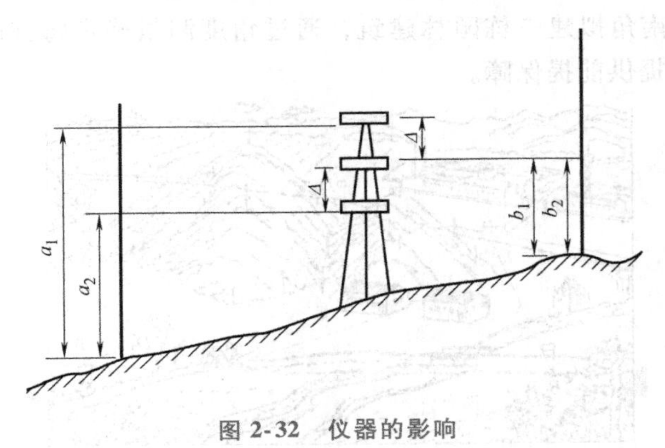

图 2-32 仪器的影响

单元 3　角度测量

［学习目标］

角度测量是基本测量工作之一。本单元主要学习角度测量的原理，了解光学经纬仪的构造；掌握经纬仪的使用，水平角、竖直角的测量，经纬仪的检验和校正，角度测量误差。

如图 3-1 所示，现场西南角拟建三栋园林建筑，通过角度测量确定每栋园林建筑的墙脚点的方向，为确定园林建筑的地基基础提供前提保障。

图 3-1　角度测量例图

角度测量是测量的三项基本工作之一，它包括水平角测量和竖直角测量。水平角用以测定地面点的平面位置；竖直角用以间接测定地面点的高程。

3.1　角度测量原理

3.1.1　水平角测量原理

1. 定义

地面上相交的两条直线在水平面上的投影所夹的角称为水平角，一般用 β 表示。

2. 测量原理

如图 3-2 所示，A_1、O_1、B_1 是地面点 A、O、B 在水平面上的正投影。$\angle A_1O_1B_1$ 是通过 OA 和 OB 的

两个竖面的两面角。OO_1为通过水平度盘中心的铅垂线，即两竖直面的交线。要测 β，须在 O 点铅垂线上水平放置一个顺时针刻划的圆形度盘，则水平角为

$$\beta = b - a \tag{3-1}$$

式中，a、b 为 OA、OB 相对应的度盘上刻度值。水平角 β 的范围为 0°~360°

根据上述原理，用于测水平角的仪器，必须具备一个水平度盘（中心在测点的铅垂线上）和可以上下、左右转动的望远镜。经纬仪就是根据上述原理制成的。

3.1.2 竖直角测量原理

在同一竖直面内，仪器至目标的倾斜视线与水平视线所夹的锐角，称为竖直角，用 α 表示。竖直角也称为高度角。视线向上倾斜，称为仰角，α 为正值；视线向下倾斜，称为俯角，α 为负值。竖直角的范围在 -90°~ +90°。竖直角测量原理如图 3-3 所示。

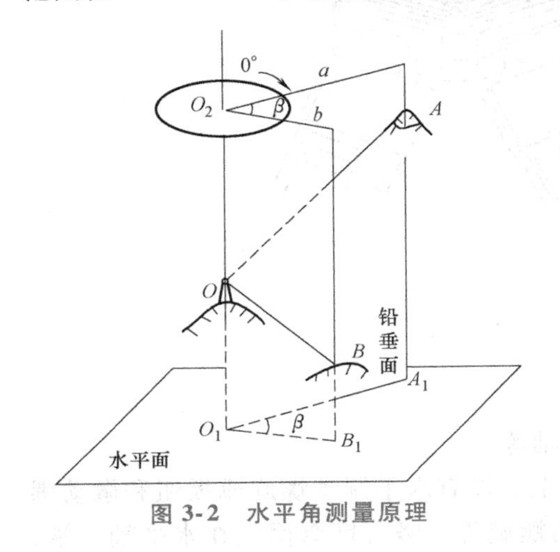

图 3-2 水平角测量原理

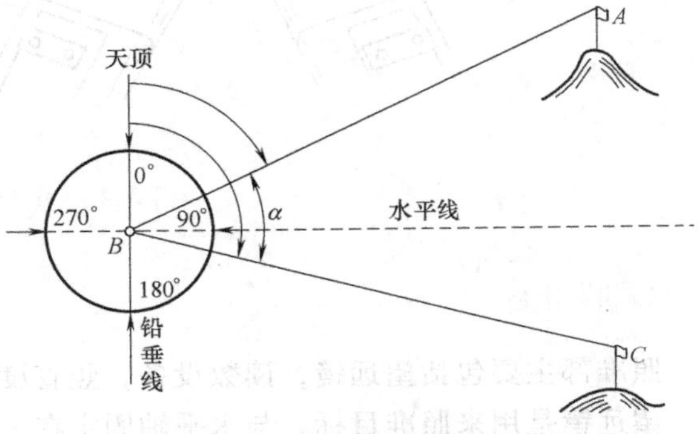

图 3-3 竖直角测量原理

3.2 光学经纬仪的构造

经纬仪按读数系统分为光学经纬仪、游标经纬仪、电子经纬仪。按精度分为 DJ_1、DJ_2、DJ_6、DJ_{15} 等。型号表达式中的“D”表示大地测量仪器，“J”表示经纬仪，下角的数字表示测角精度即一测回方向观测中误差。目前工程测量中使用较多的是光学经纬仪，其中最常用是 DJ_6 光学经纬仪。

3.2.1 DJ_6 光学经纬仪的构造

DJ_6 光学经纬仪包括照准部、水平度盘、基座，如图 3-4 所示。

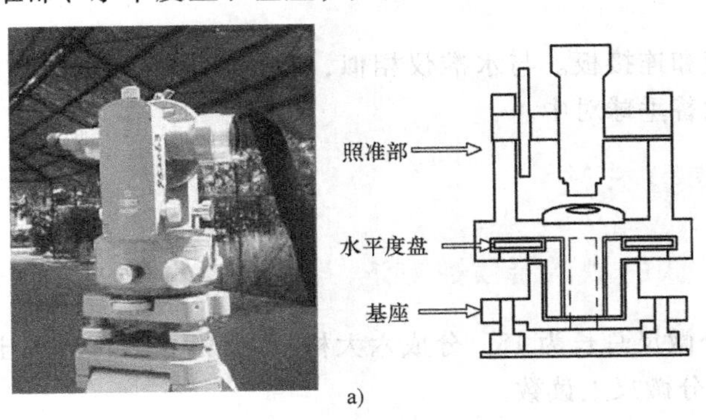

a)

图 3-4 DJ_6 光学经纬仪的构造

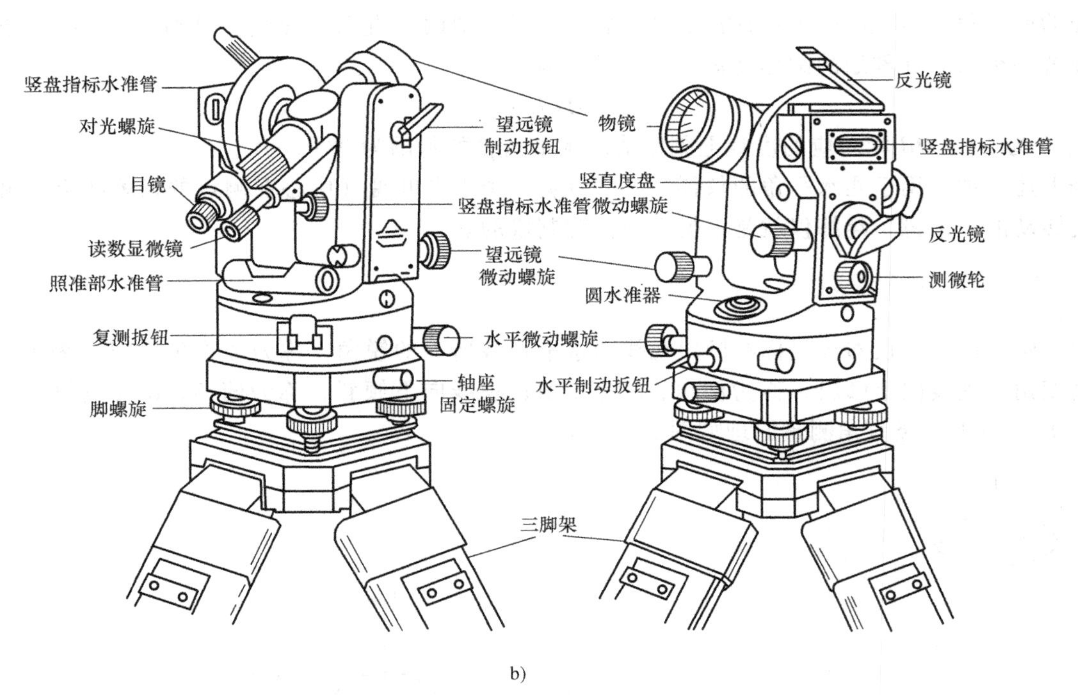

b)

图 3-4　DJ_6 光学经纬仪的构造（续）

1. 照准部

照准部主要包括望远镜，读数设备，竖直度盘，水准管和竖轴等。

望远镜是用来照准目标，与水平轴固定在一体，组装在支架上。设有水平制动螺旋或扳钮和微动螺旋，望远镜制动螺旋和微动螺旋，照门、准星、目镜和物镜调焦螺旋等。竖直度盘固定在水平轴一端，与水平轴竖直，二者中心重合并随望远镜一起旋转，且设有竖盘指标水准管及其微动螺旋。读数设备较复杂。光线由反光镜进入仪器，最终把水平度盘和竖直度盘及测微器的分划反映在望远镜的读数显微镜内。照准部上装有水准管，用以整平仪器。照准部的螺旋轴，即竖轴，插入轴座。

2. 水平度盘

如图 3-5 所示，水平度盘 0°～360°顺时针刻划。复测扳钮可控制照准部与水平度盘的离合。

有的仪器装置由度盘变换手轮来取代复测扳钮，实现配度盘的目的。水平度盘还可以设有测微轮。

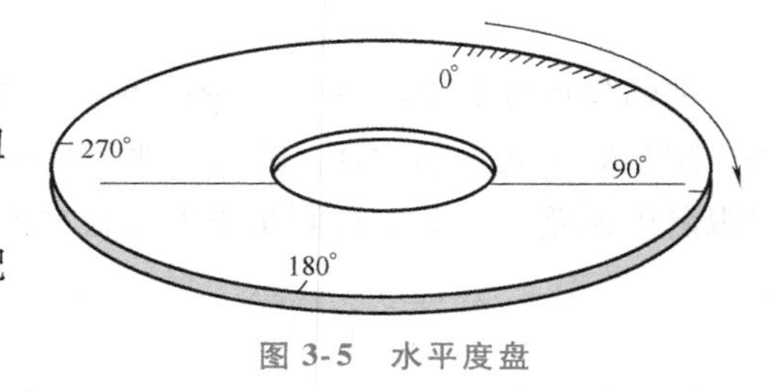

图 3-5　水平度盘

3. 基座

基座包括轴座、脚螺旋和连接板。与水准仪相似，在连接螺旋下面有一挂钩可悬挂垂球进行对中。有的仪器装有光学对点器代替垂球对中。

3.2.2　读数装置及读数方法

1. DJ_6 经纬仪分微尺式的测微器读数方法

度盘最小分划值 1°，分微尺总长为 1°，分成六大格，每格 10′，再分成十小格，每小格 1′，可估读到 6″。利用度盘刻度线，在分微尺上读数。

如图 3-6 所示，水平度盘读数为 216°54′24″；竖直度盘读数为 81°47′00″。

2. DJ_2 光学经纬仪单平板玻璃测微器读数方法

单平板玻璃测微器由测微手轮控制。转动测微手轮，使度盘像移动 α，则移动量 α 可在分微尺上读出。

度盘最小分划值 30′，分微尺总长为 30′，分成 30 个大格，每大格 1′，再分成三小格，每小格为 20″，可估读到 5″。单平板玻璃测微器读数如图 3-7 所示。

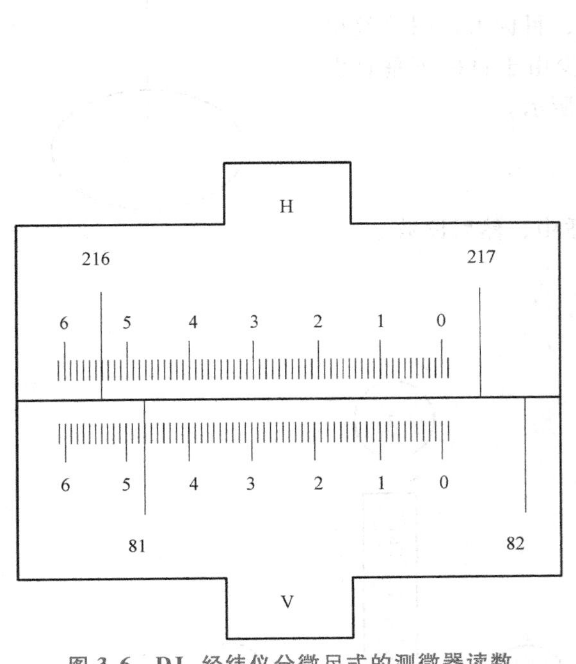

图 3-6　DJ_6 经纬仪分微尺式的测微器读数

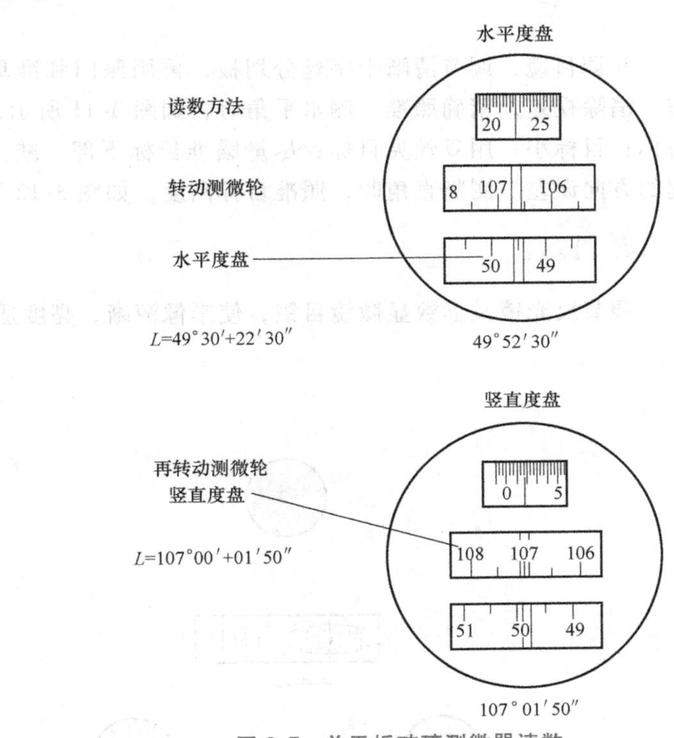

图 3-7　单平板玻璃测微器读数

3.3 光学经纬仪的操作

如图 3-8 所示，测量角度 β，就需要在 B 点安置仪器。经纬仪的使用包括对中、整平、调焦和照准、读数四项基本操作。

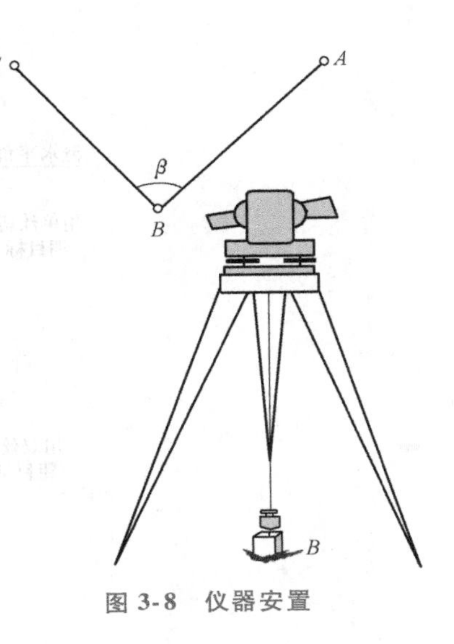

图 3-8　仪器安置

1. 对中

对中的目的是使仪器的中心与测站点位于同一铅垂线上。可使用垂球或光学对中器进行经纬仪的对中。

（1）垂球对中　具体做法：移动三脚架，使垂球尖大致对准测站中心；稍微松开中心螺钉，在脚架头上移动（不能旋转）仪器，使垂球尖精确对准测站标志中心，旋紧中心螺钉。

（2）光学对点器对中　固定三脚架一只脚，双手持脚架另两只脚并不断调整其位置，同时观测光学对点器，使光学对点器精确对准测站标志（图 3-9）。地面点离光学对点器较近，可通过在脚架头上移动仪器，精确对中。

2. 整平

整平的目的是使仪器竖轴竖直，并使水平度盘处于水平位置。整平方法与水准仪相同，居中误差不大于一格。方法：用左手大拇指法则，转动脚螺旋，调节水准管气泡居中（图 3-10）。

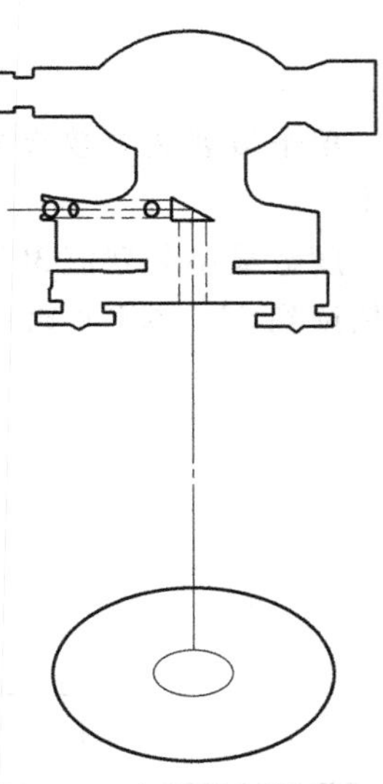

图 3-9 光学对点器对中

3. 调焦与照准

先调目镜，调节清晰十字丝分划板，再用照门和准星粗瞄目标，物镜调焦，消除视差，精确照准。测水平角时，如图 3-11 所示，目标大，用单丝切目标；目标小，用双丝夹目标；尽量瞄准目标下部，减少由于目标不垂直引起的方向误差。测竖直角时，照准目标高度，如图 3-12 所示。

4. 读数

调节反光镜及读数显微镜目镜，使影像清晰，亮度适中，然后读数。

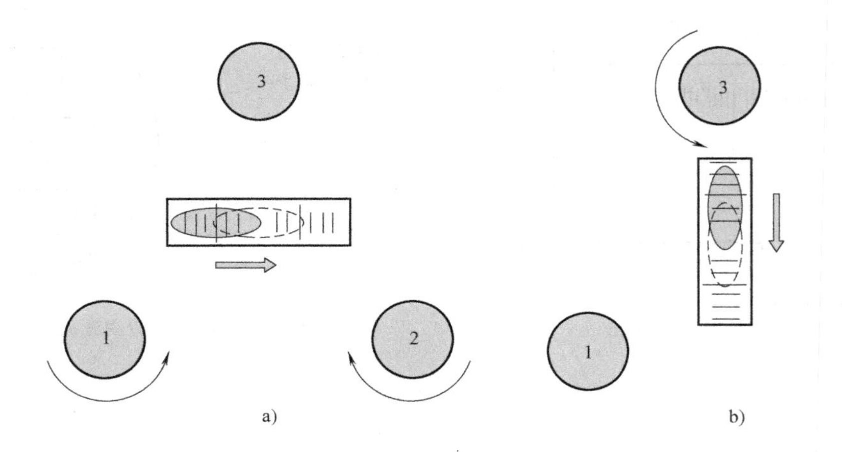

图 3-10 气泡整平

a）气泡居中，1、2 等高 b）气泡居中，3 与 1、2 等高

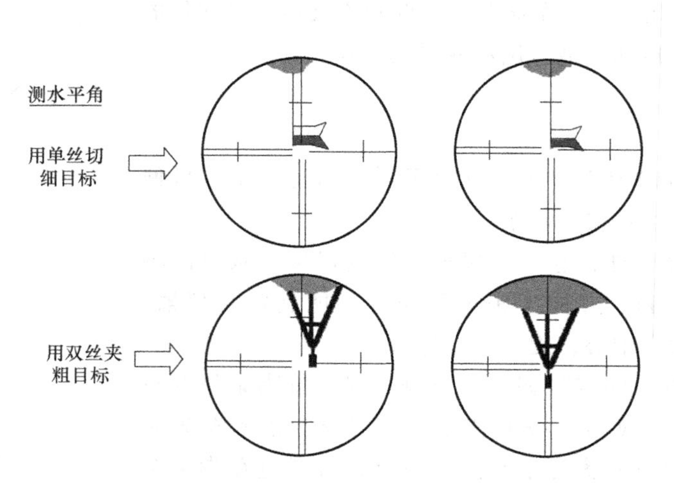

图 3-11 水平角照准

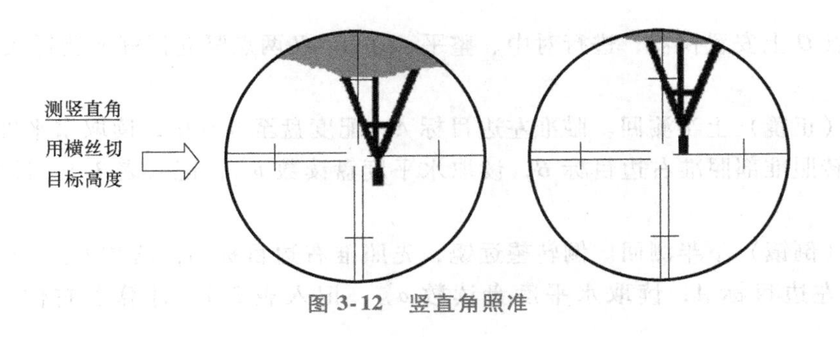

图 3-12　竖直角照准

3.4 水平角测量

为了消除仪器某些误差，一般用盘左和盘右两个位置进行观测。盘左（正镜）：观测者对着望远镜的目镜时，竖盘在望远镜的左边（图 3-13a）。盘右（倒镜）：观测者对着望远镜的目镜时，竖盘在望远镜的右边（图 3-13b）。

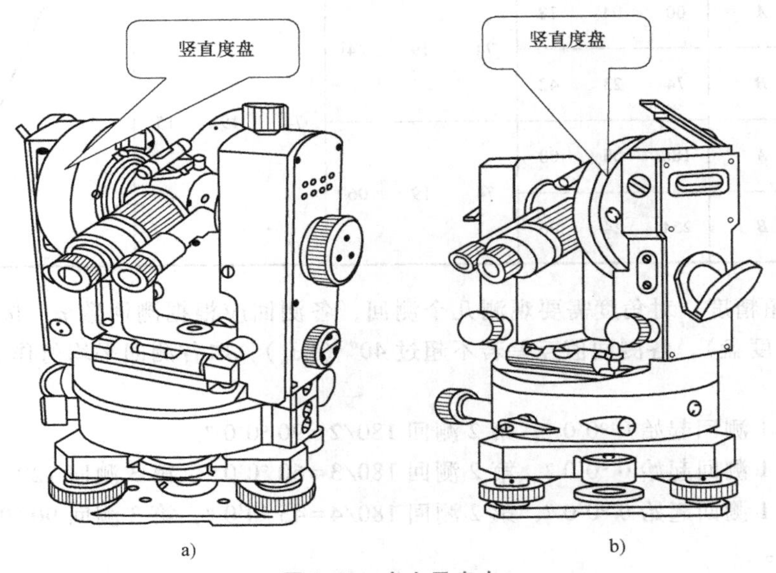

图 3-13　盘左及盘右

a）盘左观测　b）盘右观测

3.4.1　测回法测量水平角

这种测角方法只适于观测两个方向之间的单个角度。如图 3-14 所示，欲测量水平角 AOB，可按下列步骤进行：

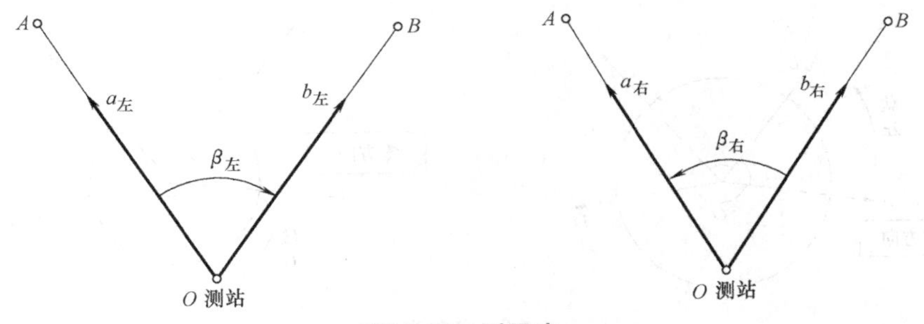

图 3-14　测回法

1）在角的顶点 O 上安置仪器，进行对中、整平，在 A、B 两点竖立标杆或测钎或吊垂球，作为照准标志。

2）盘左位置（正镜）上半测回。瞄准左边目标 A，配度盘至 0°0′0″，读取水平度盘读数 $a_{左}$，记入表 3-1；顺时针旋转照准部照准右边目标 B，读取水平度盘读数 $b_{左}$，记入表 3-1。计算盘左位置的水平角：$\beta_{左}=b_{左}-a_{左}$。

3）盘右位置（倒镜）下半测回。倒转望远镜，先照准右边目标 B，读数 $b_{右}$，记入表 3-1；逆时针旋转照准部，照准左边目标 A，读取水平度盘读数 $a_{右}$，记入表 3-1。计算盘右位置的水平角：$\beta_{右}=b_{右}-a_{右}$。

4）盘左和盘右两个半测回合称为一个测回。若 $\Delta\beta=\beta_{左}-\beta_{右}\leqslant\pm40''$（$DJ_6$），取其平均值作为一测回角值，即 $\beta=\dfrac{\beta_{左}+\beta_{右}}{2}$。

表 3-1　水平角观测（测回法）

测站	竖盘位置	目标	水平度盘读数			半测回角值			一测回角值			示意图
			°	′	″	°	′	″	°	′	″	
O	左	A	00	04	18	74	19	24	74	19	15	
		B	74	23	42							
	右	A	180	05	00	74	19	06				
		B	254	24	06							

5）为了提高测角精度，对角度需要观测几个测回，各测回应根据测回数 n，按 180°/n 改变起始方向水平度盘位置（配度盘），各测回值互差若不超过 40″（DJ_6），取各测回平均值作为最后结果。

配度盘方法：

如 2 个测回：第 1 测回起始 0 °0′0 ″，第 2 测回 180/2 = 90 °0′0 ″。

如 3 个测回：第 1 测回起始 0 °0′0 ″，第 2 测回 180/3 = 60 °0′0 ″，第 3 测回 120 °0′0 ″。

如 4 个测回：第 1 测回起始 0 °0′0 ″，第 2 测回 180/4 = 45 °0′0 ″，第 3 测回 90 °0′0 ″，第 4 测回起始 135 °0′0 ″，依次类推。

3.4.2　方向观测法测量水平角

这种测角方法只适于观测三个方向及其以上的角度测量，如图 3-15 所示。

1. 安置仪器

O 点置经纬仪，A、B、C、D 设置目标。

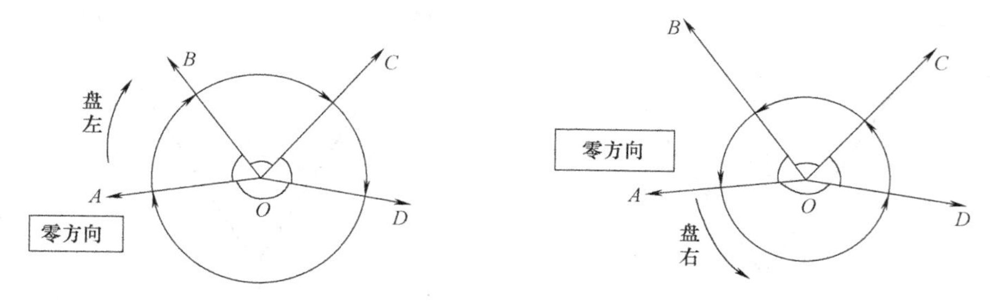

图 3-15　方向观测法

2. 盘左上半测回

选择一明显目标 A 作为起始方向（零方向），用盘左瞄准 A，配置度盘，记录数据，顺时针依次观测 B、C、D、A。分别读出盘左水平度盘读数，记入表 3-2。

3. 盘右下半测回

瞄 A，逆时针瞄 D、C、B、A，分别读出盘右水平度盘读数，记入表 3-2，组成一测回。

需 n 个测回可按 $180°/n$ 配度盘，进行 n 个测回。

表 3-2　水平角观测（方向观测法）

测站	测回数	目标	读数 盘左			读数 盘右			$2c$=左-(右±180°)	平均读数=$\frac{1}{2}$[左+(右±180°)]			归零后方向值			各测回归零方向值的平均值		
			°	′	″	°	′	″	″	°	′	″	°	′	″	°	′	″
1	2	3	4			5			6	7			8			9		
O	1									(0	02	06)						
		A	0	02	06	180	02	00	+6	0	02	03	0	00	00			
		B	51	15	42	231	15	30	+12	51	15	36	51	13	30			
		C	131	54	12	311	54	00	+12	131	54	06	131	52	00			
		D	182	02	24	2	02	24	0	182	02	24	182	00	18			
		A	0	02	12	180	02	06	+6	0	02	09						
O	2									(90	03	32)						
		A	90	03	30	270	03	24	+6	90	03	27	0	00	00	0	00	00
		B	141	17	00	321	16	54	+6	141	16	57	51	13	25	51	13	28
		C	221	55	42	41	55	30	+12	221	55	36	131	52	04	131	52	02
		D	272	04	00	92	03	54	+6	272	03	57	182	00	25	182	00	22
		A	90	03	36	270	03	36	0	90	03	36						

4. 计算、记录

1）半测回归零差：对于 DJ_2 经纬仪，不大于 12″；对于 DJ_6 经纬仪，不大于 18″。

2）$2c$ 值（两倍照准误差）计算式为

$$2c = 盘左读数 - (盘右读数 \pm 180°)$$

一测回内 $2c$ 互差：对于 DJ_2 经纬仪，不大于 18″；对于 DJ_6 经纬仪，不大于 24″。

3）各方向盘左、盘右读数的平均值计算式为

$$平均值 = \frac{1}{2} \times [盘左读数 + (盘右读数 \pm 180°)]$$

注意：零方向观测两次，应将平均值再取平均。

4）归零方向值。将各方向平均值分别减去零方向平均值，即得各方向归零方向值。

5）各测回归零方向值的平均值。同一方向值各测回间互差：对于 DJ_2 经纬仪，不大于 12″；对于 DJ_6 经纬仪，不大于 24″。

5. 实例计算讲解

1）上半测回归零差 = 0°02′12″ − 0°02′06″ = 6″。

2）OA 方向 $2c$ 值 = 0°02′12″ − (180°02′06″ − 180°) = 6″。

OD 方向 $2c$ 值 = 182°02′24″ − (2°02′24″ + 180°) = 0″。

这两个方向的 $2c$ 互差 = 6″

3）*OA* 方向盘左、盘右读数的平均值：［0°02′12″+（180°02′06″−180°）］/2＝0°02′09″。

再取平均得：（0°02′09″+ 0°02′03″）/2＝0°02′06″。

OD 方向盘左、盘右读数的平均值：［182°02′24″+（2°02′24″+180°）］/2＝182°02′24″。

4）*OB* 方向的归零方向值：51°15′36″−0°02′06″＝ 51°13′30″。

OD 方向的归零方向值：182°02′24″− 0°02′06″＝ 182°00′18″。

5）*OB* 方向各测回归零方向值的平均值：（51°13′30″+51°13′25″）/2＝ 51°13′28″。

OB 方向值各测回间互差：51°13′30″− 51°13′25″＝5″。

3.5 竖直角测量

3.5.1 竖直度盘构造

如图 3-16 所示，竖直度盘由竖盘、竖盘指标水准管及其微动螺旋构成。后两部分，目前多采用竖盘指标自动归零补偿器来替代。

竖直度盘的特点是：读数指标线固定不动，而整个竖盘随望远镜一起转动，如图 3-17 所示。

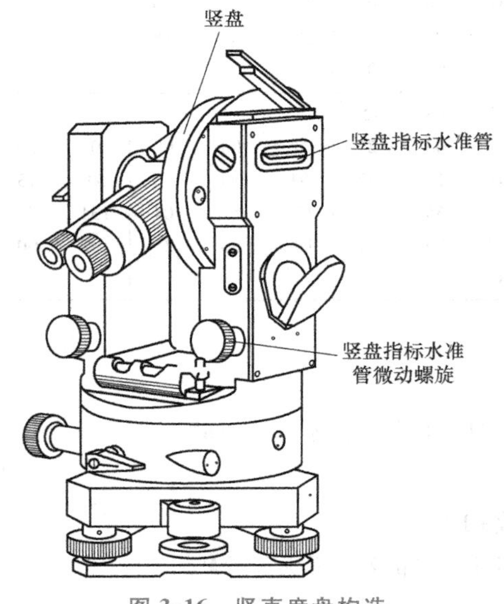

图 3-16 竖直度盘构造

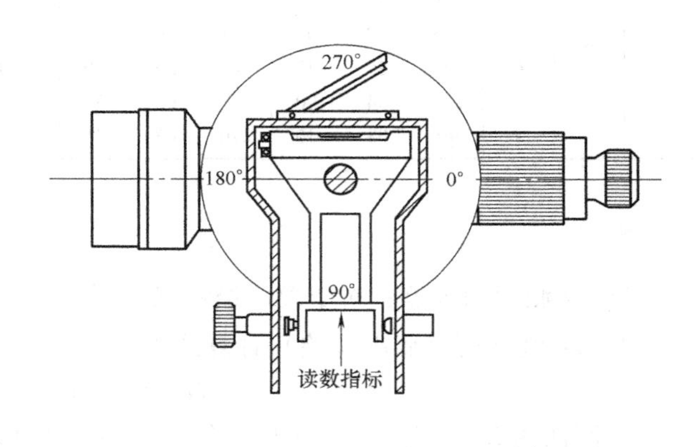

图 3-17 竖直度盘读数指标线

竖盘的注记形式有顺时针与逆时针两种。

3.5.2 竖直角观测与计算

1. 竖直角的计算公式

（1）顺时针注记　如图 3-18 所示，竖直角计算公式为

$$\alpha_{左}=90°-L \tag{3-2}$$

$$\alpha_{右}=R-270° \tag{3-3}$$

（2）逆时针注记　竖直角计算公式为

$$\alpha_{左}=L-90° \tag{3-4}$$

$$\alpha_{右}=270°-R \tag{3-5}$$

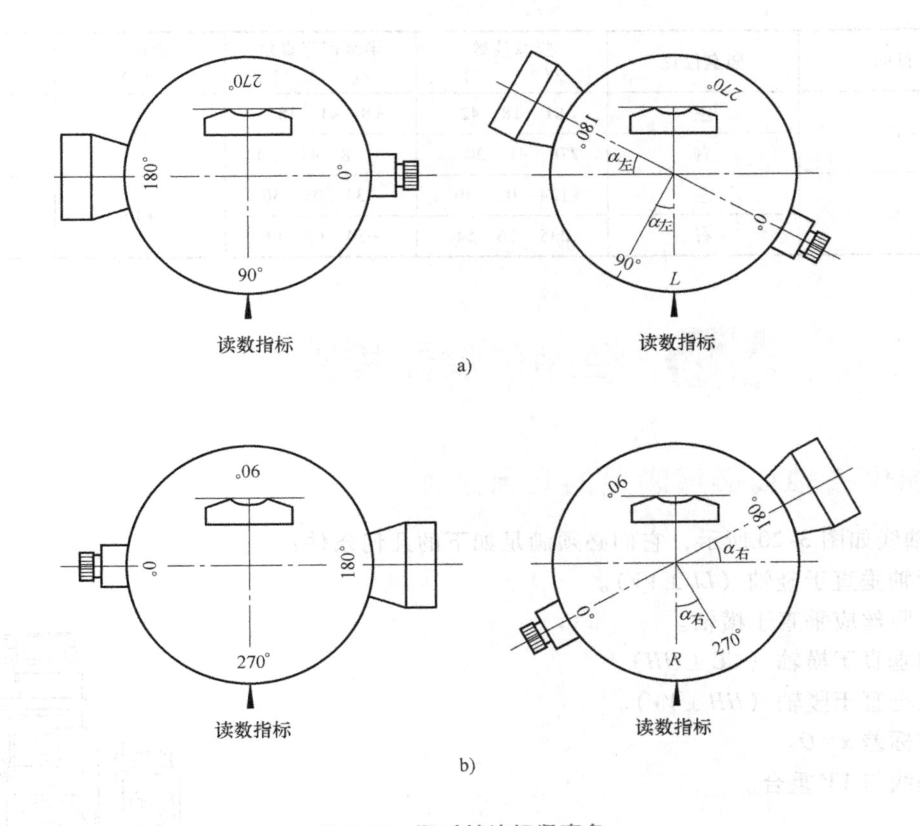

图3-18　顺时针注记竖直角

a）盘左　b）盘右

2. 竖盘指标差

（1）定义　如图3-19所示，由于指标线偏移，当视线水平时，竖盘读数不是恰好在90°或270°上，而是与90°或270°相差一个 x 角，该角称为竖盘指标差。当偏移方向与竖盘注记增加方向一致时，x 为正，反之为负。

（2）计算公式

$$x=\frac{1}{2}(L+R-360°) \tag{3-6a}$$

或

$$x=\frac{1}{2}(\alpha_{右}-\alpha_{左}) \tag{3-6b}$$

对于 DJ_6 经纬仪，指标差变动范围应不大于25″。取盘左盘右平均值，可消除指标差的影响。

图3-19　竖盘指标差

3. 竖直角观测计算

1）安置仪器于测站点 O 上，确定竖直角计算公式。

2）盘左位置，转动望远镜照准目标 B（精确）。

3）转动竖盘指标水准管微动螺旋，使气泡居中，读取盘左读数 L，记入表3-3。

4）倒转望远镜成盘右位置，再照准目标同一位置，并使竖盘指标水准管气泡居中，读取盘右读数 R，并记入表3-3。

5）根据计算公式计算 $\alpha_{左}$，$\alpha_{右}$ 及 α。

表 3-3 竖直角观测表（顺时针注记）

测站	目标	竖盘位置	竖盘读数 /(° ′ ″)	半测回竖直角 /(° ′ ″)	指标差 /(″)	一测回竖直角 /(° ′ ″)
A	B	左	81 18 42	+8 41 18	+6	+8 41 24
		右	278 41 30	+ 8 41 30		
	C	左	124 03 30	−34 03 30	+12	−34 03 18
		右	235 56 54	−34 03 06		

3.6 经纬仪仪器检验与校正

3.6.1 经纬仪各轴线必须满足的几何条件

经纬仪各轴线如图 3-20 所示，它们必须满足如下的几何条件：

1）水准管轴垂直于竖轴（$LL \perp VV$）。

2）十字丝竖丝应垂直于横轴。

3）视准轴垂直于横轴（$CC \perp HH$）。

4）横轴应垂直于竖轴（$HH \perp VV$）。

5）竖盘指标差 $x=O$。

6）光学垂线与 VV 重合。

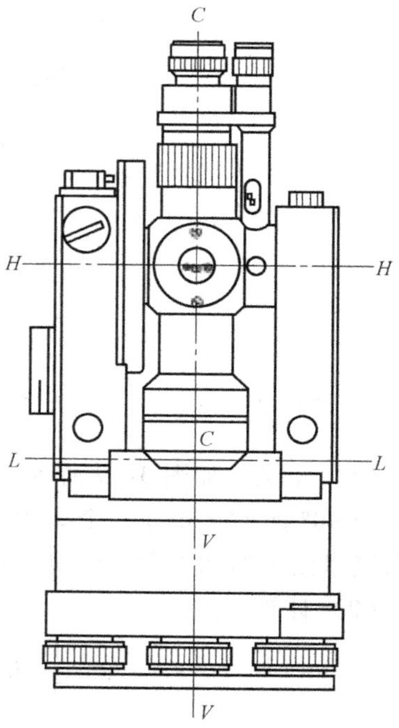

3.6.2 经纬仪各轴线的检验与校正

1. 水准管轴垂直于竖轴

（1）检验　调节脚螺旋，将仪器大致整平，然后将照准部旋转 180°，如气泡居中，则 $LL \perp VV$，否则需校正。

（2）校正　调节脚螺旋，使气泡向中心退回偏离值的一半，再用校正针拨动水准管一端的校正螺钉，使气泡退回另一半。

（3）校正原理　LL 与 VV 不垂直的原因是水准管的两个支柱不等高。$LL \perp VV$ 相差 α，调节脚螺旋气泡居中时，LL 轴水平，VV 轴偏离铅直位置 α 角，旋转 180°后，LL 绕 VV 轴并保持 $90°-\alpha$ 的角度，LL 偏离了 2α。

图 3-20　经纬仪轴线

2. 十字丝竖丝应垂直于横轴

（1）检验　用十字丝交点照准一明显的固定目标，旋紧照准部制动螺旋和望远镜制动螺旋，转动望远镜微动螺旋使之上下微动，如图 3-21 所示，若目标点始终沿十字丝竖丝上下移动，则条件满足，否则应进行校正。

（2）校正：松开十字丝环的固定螺钉，转动十字丝环，至条件满足，然后旋紧固定螺钉。

3. 视准轴垂直于横轴

视准轴 CC 不垂直于横轴 HH 时，所偏移的角度 c 称为视准误差。

（1）平盘读数法

1）检验：选一水平方向的目标 A，盘左盘右分别观测读数 L，R，则

$$c=\frac{1}{2}(L-R\pm180°)$$

若 $|c|\leqslant10''$，则不需校正。

因为视准误差对盘左、盘右平盘读数的影响大小相等，符号相反，即

$$L_{正}=L-x_c$$
$$R_{正}=R+x_c$$
$$L_{正}-R_{正}=\pm180°$$

所以
$$c=x_c=\frac{1}{2}(L-R\pm180°)$$

2）校正：用水平微动螺旋，安置 $L_{正}(=L-c)$，十字丝交点偏离目标 A，拨动十字丝环的校正螺钉，使交点对准目标 A。

（2）双重倒镜法

1）检验：如图3-22a所示，在平坦地面选一 A 点，距仪器另一端放一把毫米分划的尺子，整平仪器后，盘左瞄准 A，倒转望远镜在尺上取 B_1，盘右瞄准 A，倒镜在尺上取 B_2，如 B_1 与 B_2 重合，则条件满足。若 B_1、B_2 不重合，则有

$$c=\frac{B_1B_2}{4OB}\rho\quad(\rho=206265'')$$

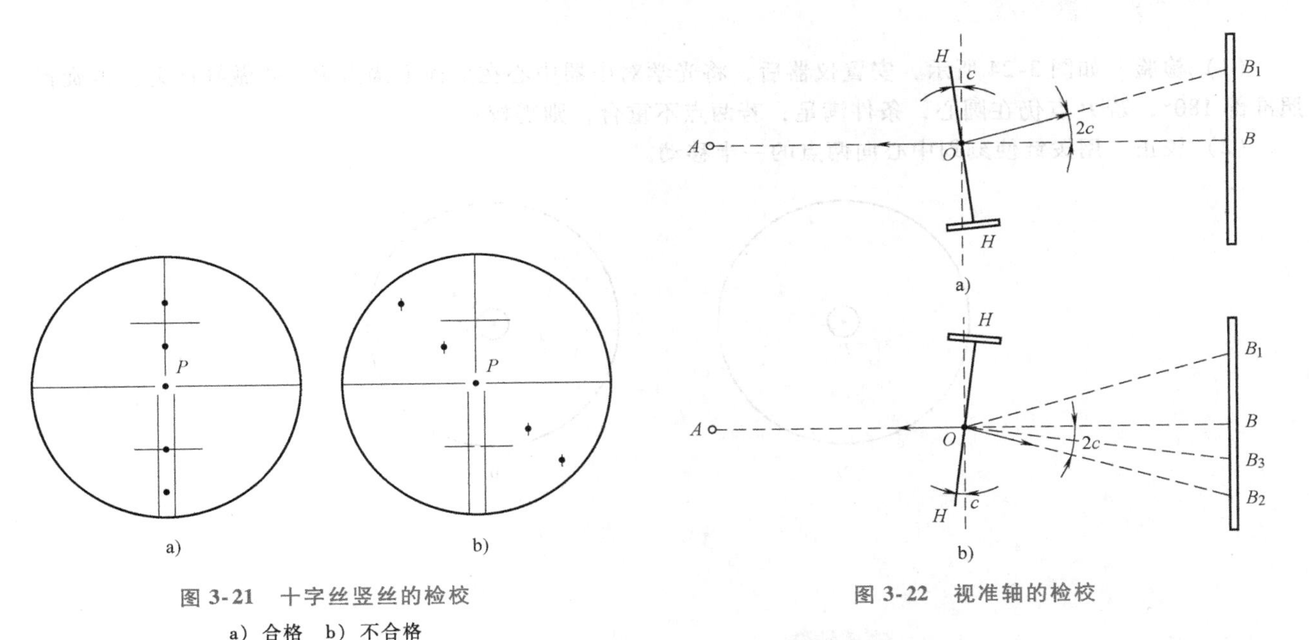

图3-21 十字丝竖丝的检校

a）合格 b）不合格

图3-22 视准轴的检校

对于 DJ_6 经纬仪，当 $2c>60''$ 时，需校正；对于 DJ_2 经纬仪，当 $2c>30''$ 时，需校正。

2）校正：拨动十字丝左右两个校正螺钉，使十字丝交点由 B_2 点移至 BB_2 的中点 B_3，如图3-22b所示。

4. 横轴应垂直于竖轴

（1）检验 如图3-23所示距墙面20~30m处架仪器，选高处目标 P（仰角大于30°），盘左照准 P，放平望远镜，在墙面上投出 P_1，倒转望远镜，盘右照准 P，放平望远镜，在墙面上投出 P_2，如 P_1 与 P_2 重合，则表明 $HH\perp VV$，若 P_1、P_2 不重合，则有

$$i=\frac{P_1P_2}{2D\tan\alpha}\rho\quad(\rho=206265'')$$

对于 DJ_6 经纬仪，$i_{允}=\pm 20''$，超出允许值就需校正。

（2）校正　用十字丝交点瞄准 P_1、P_2的中点 P_M，抬高望远镜仰视 P 点，此时十字丝交点将偏离 P 点。打开横轴一端的护盖，调整支承横轴的偏心轴环，抬高或降低横轴一端，直至交点瞄准 P 点。此项校正一般由仪器检修人员进行。

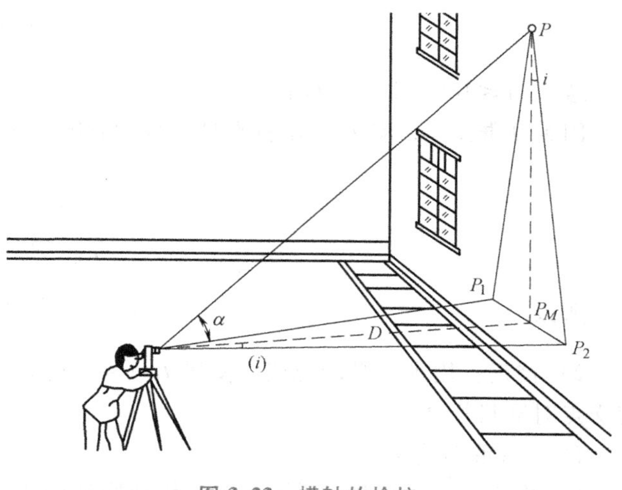

图 3-23　横轴的检校

5. 竖盘指标差的检校

（1）检验　仪器整平后，用盘左、盘右位置分别瞄准同一目标，当竖盘指标水准管气泡居中时，读取竖盘读数 L、R，计算 x_0 当 $x\neq 0$ 时应进行校正。

（2）校正　盘右校正时，转动竖盘指标水准管微动螺旋，使竖盘读数为 $R_{正}(=R-x)$，此时水准管气泡不居中，用校正斜拨动水准管校正螺钉，使气泡居中。

6. 光学对中器的检校

（1）检验　如图 3-24 所示，安置仪器后，将光学对中器中心在地面上瞄点 P，并做好标记。再旋转照准部 180°，若 P 点仍在圆心，条件满足；若两点不重合，则需校正。

（2）校正　用拨针使刻划中心向两点的一半移动。

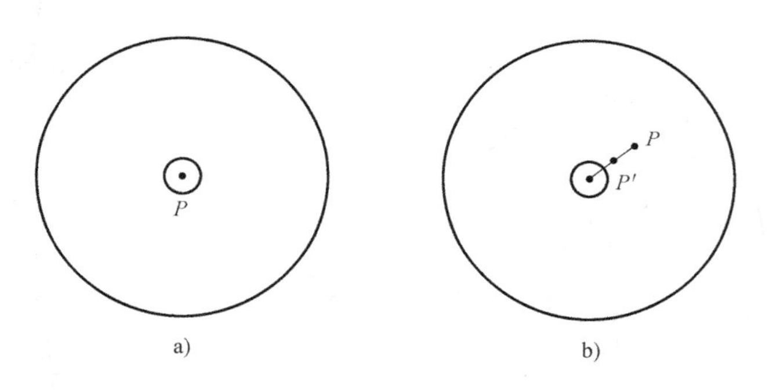

图 3-24　光学对中器的检校

3.7 角度测量误差

1. 仪器误差

仪器误差主要包括仪器检校后的残余误差和仪器制造、加工不完善所引起的误差。

（1）视准轴误差　由于视准误差 c 对盘左盘右平盘读数的影响大小相等，符号相反，因而盘左盘右取平均值可消除视准误差的影响。

（2）横轴误差　横轴误差对水平角测量的读数没有影响，对盘左、盘右水平度盘读数的误差大小相等、符号相反，取平均值可消除 i 对水平角测量读数的影响。

（3）照准部偏心差　同一目标盘左盘右取平均值，可消除照准部偏心差的影响。

（4）竖轴误差　取平均值不能消除其影响，因此观测前，对照准部水准管要仔细检校，认真整平仪器。

（5）度盘分划误差　变换变盘位置。

2. 观测误差

（1）对中误差　这是指仪器中心没有对准测站点的误差。对中误差对测角的影响与偏心距成正比，与边长成反比，并且与所测角的大小和偏心的方向有关，短边尤其注意对中。

（2）目标偏心差　这是指由于目标照准点上所竖立的标志与地面点的标志中心不在同一铅垂线上所引起的测角误差。目标倾斜越大，瞄准部位越高，则目标偏心越大。

（3）照准误差　望远镜照准误差一般用下式计算

$$m=\pm\frac{60''}{V}=\pm\frac{60''}{30}=\pm2''$$

式中　m——照准误差；

V——望远镜的放大率。

照准误差除取决于望远镜放大率之外，还与人眼的分辨能力，目标的形状、大小、颜色、亮度和清晰度有关。因此，在水平角观测时，除适当选择经纬仪外，还应尽量选择适宜的标志、有利的气候条件和观测时间，以削弱照准误差的影响。

3. 外界条件

自然外界条件的影响比较复杂，如刮风、松软的土质、温度、折光等对角度测量都有影响。只有选择有利的时间和观测的条件，尽量避开不利因素，才能使其对观测的影响降到最低。

单元4　距离测量及直线定向

［学习目标］

通过本单元的学习，明确距离测量的基本定义、原理，结合实际操作练习，掌握钢尺量距、视距测量的基本操作方法及成果计算；明确直线定向和坐标方位角的定义，会推算坐标方位角。

如图4-1所示，现场西南角拟建三栋园林建筑，通过水平角测量确定每栋园林建筑墙脚点的方向后，现场再确定每栋园林建筑墙角点的长度放样数据即能进行墙角点的定点放线。

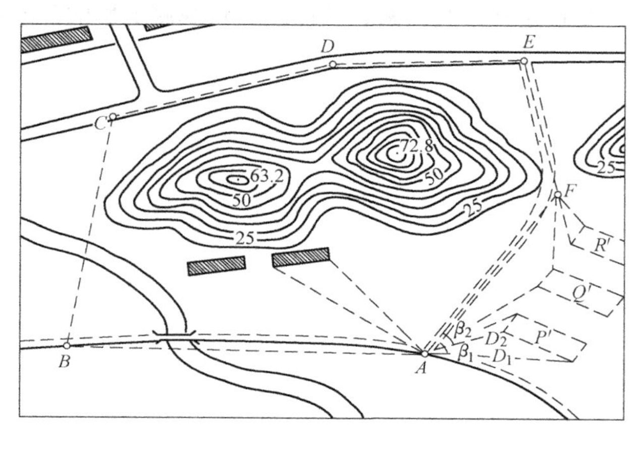

图4-1　距离测量例图

测量工作主要是确定地面点的位置，水平距离是地面点位的必要元素。用测量工具直接或间接测出地面两点的水平距离称为距离测量。水平距离丈量的方法很多，如用钢尺丈量、视距测量和光电测距等。此外，要确定地面点间的相对位置关系，还需要确定直线的方向，称之为直线定向。

4.1　钢尺量距

4.1.1　量距工具

（1）钢尺、皮尺　如图4-2所示，钢尺、皮尺的长度有20m、30m和50m等几种。尺子的基本分划有厘米和毫米两种，厘米分划的尺子在起始的10cm内刻有毫米分划。由于尺子上零刻划的位置不同，

有端点尺和刻线尺之分，如图 4-3 所示。

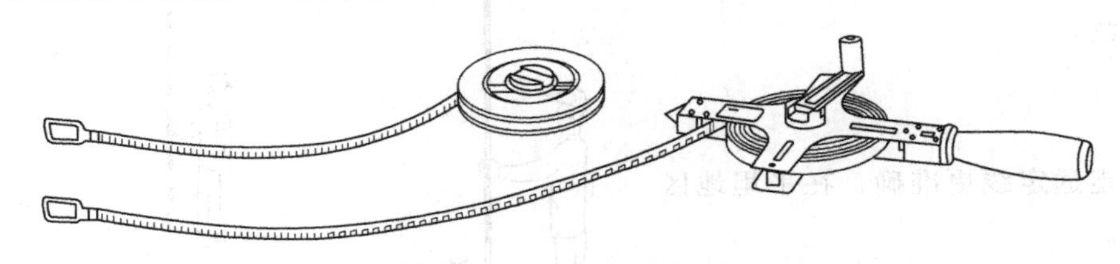

图 4-2　钢尺、皮尺

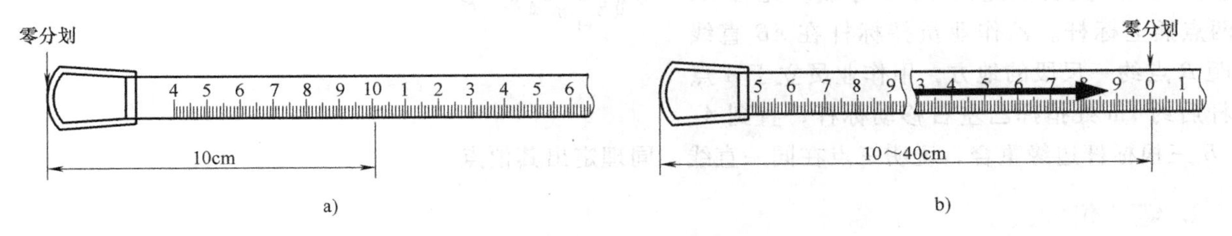

图 4-3　端点尺和刻线尺

a）端点尺　b）刻线尺

（2）标杆　长度有 2m、3m 等几种，如图 4-4 所示杆上红白相间 20cm 色段，杆下铁脚，用于照准标志。

（3）测钎　钢筋制成，如图 4-5 所示上弯小圆圈，下成尖形，长 30~40cm，6 根或 11 根一组，用于标定尺端端点的位置，也可以做照准标志。

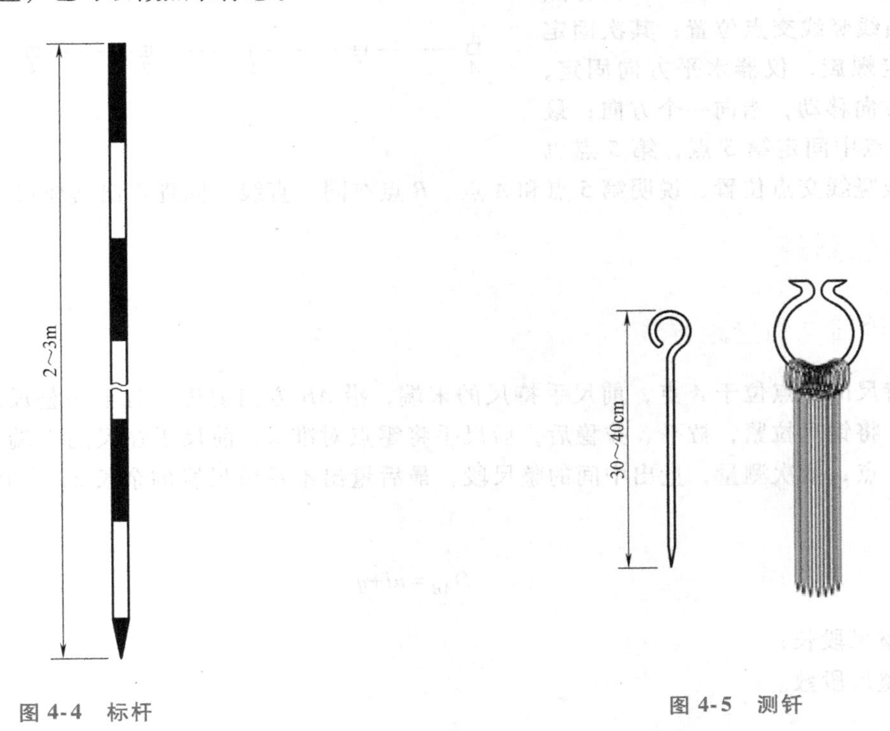

图 4-4　标杆

图 4-5　测钎

（4）垂球　常用于斜坡上量水平距离。

4.1.2　直线定线

当地面上两点间的距离超过尺长全长时，量距前必须在通过直线两端点的竖直面内定出若干中间点，并竖立标杆或测钎标明直线方向，以便分段丈量，这种工作称为直线定线。

按要求精度不同，可分别采用目估定线或经纬仪定线的方法。

1. 目估定线

走近定线较走远定线更准确，在平坦地区常边定线边丈量。

如图4-6所示，设A、B为直线的两个端点，要在AB直线上定出1、2等点。先在A、B两点插上标杆。乙作业员持标杆在AB直线上距B点约一尺段的地方，甲作业员立于A点标杆后约1m处指挥乙左右移动标杆，直到A、1、B三根标杆边缘重合，说明三点在同一直线。同理定出其他点。

图4-6　目估定线

2. 经纬仪定线

经纬仪定线用于准确确定分段点，如图4-7所示。

设A、B为直线的两个端点，要在AB直线上定出1、2、3、4、5点。因为A、B两点距离比较远，一把卷尺无法一次性完成测量，所以，首先在A点安放一台经纬仪，对中整平后瞄准目标点B，目标点B在十字丝横线竖线交点位置；其次固定水平方向固定螺旋，仪器水平方向固定，只能在竖直方向移动，指向一个方向；最后在A、B两点中间定第5点，第5点也在十字丝横线竖线交点位置，说明第5点和A点、B点在同一直线。同理定出其他点。

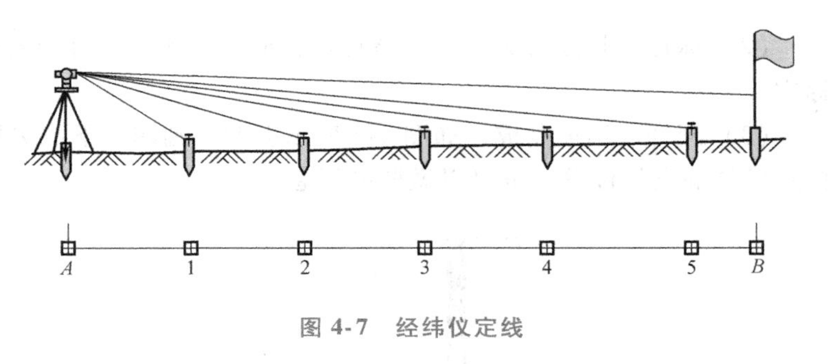

图4-7　经纬仪定线

4.1.3　一般量距

1. 平坦地面上的量距方法

后尺手持尺的零点位于A点，前尺手持尺的末端，沿AB方向前进，行至一整尺段处，按定线时标出直线方向，将钢尺拉紧，拉平、拉稳后，后尺手将零点对准A，前尺手在尺的末端刻划处竖直地插下一测钎，得1点，依次测量，量出中间的整尺段，最后量出不足整尺段的余长q，如图4-8所示，则AB间距离D_{AB}为

$$D_{AB}=nl+q \tag{4-1}$$

式中　l——整尺段长；

　　　n——整尺段数。

2. 倾斜地面上的量距方法

（1）平量法　此法用于倾斜地面地势起伏较大的情况。两次均由高向低丈量，为方便分小段量，使用垂球，如图4-9所示。

（2）斜量法　此法用于倾斜地面地势起伏较小，坡度均匀平缓的地段，如图4-10所示。AB间的距离D_{AB}为

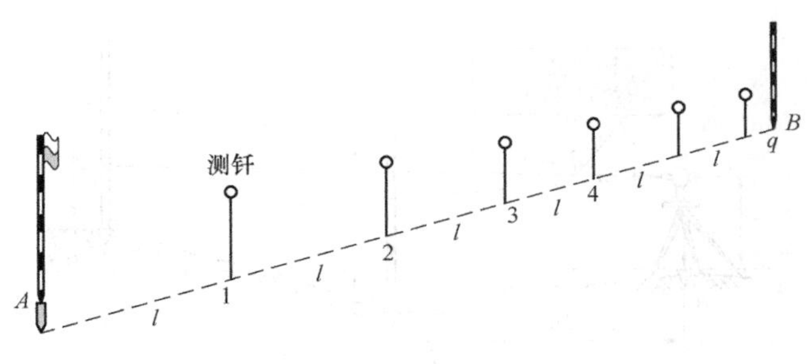

图 4-8　平坦地面上的量距

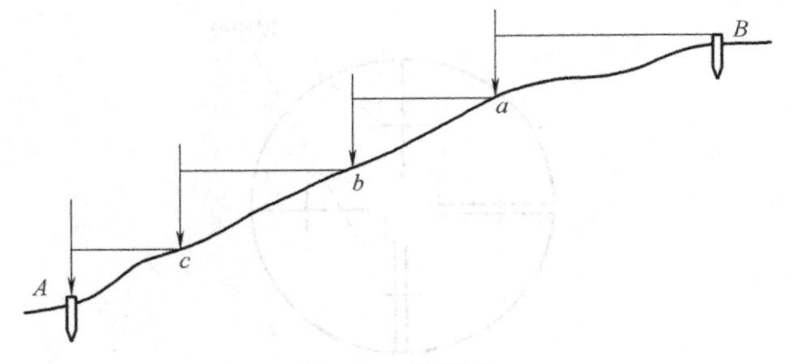

图 4-9　平量法

$$D_{AB}=\sqrt{L_{AB}^2-h_{AB}^2} \tag{4-2}$$

$$D_{AB}=L_{AB}\cos\theta \tag{4-3}$$

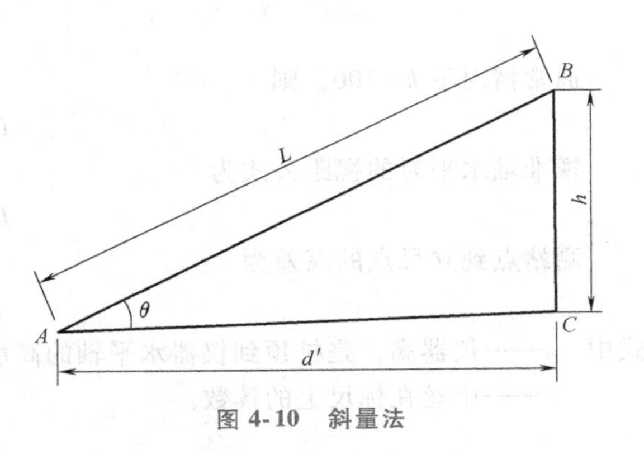

图 4-10　斜量法

3. 成果计算

相对误差为

$$K=\frac{|D_{往}-D_{返}|}{\frac{1}{2}(D_{往}+D_{返})} \tag{4-4}$$

若 $K\leqslant K_{容}$，精度合格。$D=(D_{往}+D_{返})/2$ 作为最后结果。一般量距：$K\leqslant 1/3000$（平坦），$K\leqslant 1/1000$（山区）。量距精度取决于工程的要求和地面起伏情况。

【例 4-1】　如图 4-8 所示，用 30m 长的钢尺往返丈量 A、B 两点间的水平距离。丈量结果分别为：往测 4 个整尺段，余长为 9.98m；返测 4 个整尺段，余长为 10.02m。计算 A、B 两点间的水平距离 D_{AB} 及其相对误差 K。

【解】　往测距离：$D_{AB}=nl+q=4\times30\text{m}+9.98\text{m}=129.98\text{m}$

返测距离：$D_{BA}=nl+q=4\times30\text{m}+10.02\text{m}=130.02\text{m}$

平均距离：$D_{av}=\frac{1}{2}(D_{AB}+D_{BA})=\frac{1}{2}\times(129.98\text{m}+130.02\text{m})=130.00\text{m}$

相对误差：$K=\frac{|D_{AB}-D_{BA}|}{D_{av}}=\frac{|129.98\text{m}-130.02\text{m}|}{130.00\text{m}}=\frac{0.04}{130.00}=\frac{1}{3250}$

4.2　视距测量

视距测量的精度一般为 1/200～1/300，但由于操作简便，不受地形起伏限制，可同时测定距离和高差，被广泛用于测距精度要求不高的碎部测量中。

4.2.1　视距测量原理

视距测量是利用视距丝配合标尺读数来完成的。如图 4-11 所示。对于倒像望远镜：下丝在标尺上的读数为 a，上丝在标尺上的读数为 b，视距间隔 $l(l=a-b)$。

1. 视准轴水平时的距离和高差公式

如图 4-12 所示，则水平距离 D 有

$$\frac{D_1}{l_1}=\frac{D_2}{l_2}=k$$

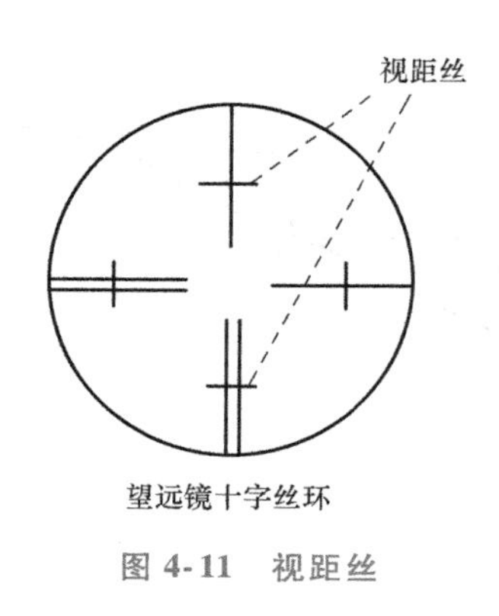

图 4-11　视距丝

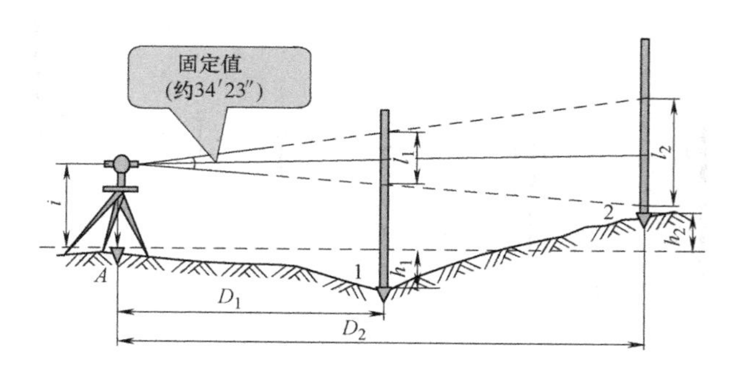

图 4-12　视准轴水平

通常情况下 $k=100$，则

$$D=kl=100l$$

视准轴水平时的视距公式为

$$D=kl=100l \tag{4-5}$$

测站点到立尺点的高差为

$$h=i-v \tag{4-6}$$

式中　i——仪器高，是桩顶到仪器水平轴的高度；

v——中丝在标尺上的读数。

2. 视准轴倾斜时的距离和高差公式

测量地面起伏较大的地区，必须使视准轴倾斜才能读取尺间隔，如图 4-13 所示。

$$\angle aoa'=\angle bob'=\alpha$$

$$\angle aa'o=\angle bb'o=90°$$

设 $l'=a'b'$，$l=ab$ 则

$$l'=a'o+ob'=ao\cos\alpha+ob\cos\alpha=l\cos\alpha$$

倾斜距离 L 为

$$L=kl'=kl\cos\alpha$$

水平距离 D 为

$$D=L\cos\alpha=kl\cos^2\alpha \tag{4-7}$$

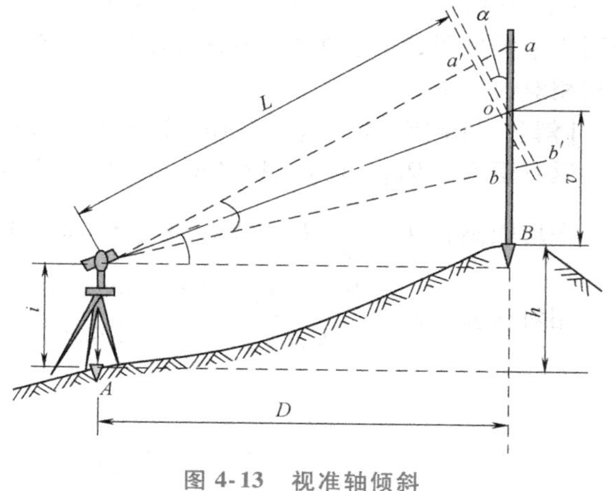

图 4-13　视准轴倾斜

高差 h 为

$$h=D\tan\alpha+i-v \tag{4-8a}$$

或

$$h=\frac{1}{2}kl\sin2\alpha+i-v \tag{4-8b}$$

4.2.2　视距测量的观测与计算

1）A 点安置仪器，量仪高 i，B 点竖立视距尺。

2）盘左（右）瞄准标尺读上、下、中三丝在尺上的读数，$l=(a-b)$，可使中丝对准仪高读数，$v=i$。

3）转动微动螺旋（竖盘），使竖盘指标水准管气泡居中，读竖盘读数，算出竖角 α。

4）根据 l、α、i、v 计算 D、h。

【例 4-2】　如图 4-13 所示，在 A 点量取经纬仪高度 $i=1.400\text{m}$，望远镜照准 B 点标尺，中丝、上丝、

下丝读数分别为 $v=1.400\text{m}$，$b=1.242\text{m}$，$a=1.558\text{m}$，$\alpha=3°27'$，试求 A、B 两点间的水平距离和高差。

【解】（1）尺间距

$$l=a-b=(1.558-1.242)\text{m}=0.316\text{m}$$

（2）水平距离

$$D=kl\cos^2\alpha=100\times0.316\times\cos^2 3°27'\text{m}=31.49\text{m}$$

（3）高差

$$h=D\tan\alpha+i-v=31.49\text{m}\times\tan3°27'+1.40\text{m}-1.40\text{m}=1.90\text{m}$$

4.2.3　视距测量误差及注意事项

1. 读数误差

读数误差直接影响尺间隔 l。当视距乘常数 $k=100$ 时，读数误差将扩大 100 倍的影响距离测量。如读数误差为 1mm，则对距离的影响为 0.1m。因此，读数时应注意消除视差。

2. 标尺不竖直误差

标尺立的不竖直对距离的影响与标尺倾斜度和竖直角有关。当标尺倾斜 1°，竖直角为 30°时，产生的视距相对误差可达 1/100。为了减少标尺不竖直的误差影响，应选择安装圆水准器的标尺。

3. 外界条件的影响

外界条件的影响主要有大气的竖直折光、空气对流（使标尺成像不稳定）、风力（使尺子抖动）等。因此，应尽可能使仪器高出地面 1m，并选择合适的天气作业。

此外，还有标尺分划误差、竖直角观测误差、视距常数误差等。

4.3　直线定向

要确定地面两点间平面位置的相对关系，仅仅量测两点的水平距离是不够的，还需要知道这两点连线的方向。确定一条直线与标准方向的角度关系，称为直线定向。

4.3.1　标准方向的种类

（1）真子午线方向：通过地球表面某一点的真子午线的切线所指的方向，即指向地球南北极方向。它用天文测量方法或陀螺经纬仪测定。

（2）磁子午线方向：地面上任一点在其磁子午线处的切线的方向，即在地球磁场的作用下，磁针自由静止时其轴线所指的方向。它用罗盘仪测定。

（3）坐标纵线方向：过测区内的一点，与其高斯平面直角坐标系或假定坐标系的坐标纵轴平行的方向。

4.3.2　直线方向的表示方法

1. 方位角

由标准方向北端起，沿顺时针方向量到某直线的水平角，称为该直线的方位角，其范围为 0°～360°。

因标准方向不同，对应的方位角分别为真方位角（用 A 表示）、磁方位角（用 A_m 表示）、坐标方位角（用 α 表示）。地面各点的真北或磁北方向互不平行，这给用真方位角或磁方位角对方位角的推算带来不便，所以在一般测量中，常采用坐标方位角表示直线方向。

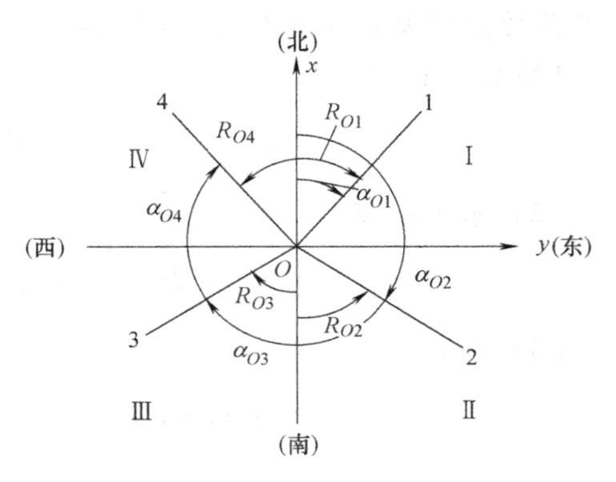

图 4-14　象限角与坐标方位角的关系

2. 象限角（R）

象限角是由直线起点的标准方向北端或南端起，沿顺时针或逆时针方向量至该直线的锐角，用 R 表示。角度范围为 0°~90°。如图 4-14 所示，$O1$、$O2$、$O3$、$O4$ 四条直线的象限角与坐标方位角的关系见表 4-1。

表 4-1　象限角与坐标方位角的关系

直线	直线方向	象限	象限角	象限角与坐标方位角的关系
$O1$	北东	Ⅰ	R_{O1}	$\alpha_{O1}=R_{O1}$
$O2$	南东	Ⅱ	R_{O2}	$\alpha_{O2}=180°-R_{O2}$
$O3$	南西	Ⅲ	R_{O3}	$\alpha_{O3}=180°+R_{O3}$
$O4$	北西	Ⅳ	R_{O4}	$\alpha_{O4}=360°-R_{O4}$

4.3.3　三种方位角的关系

1. 磁偏角 δ

地面上同一点的真、磁子午线方向不重合，其夹角称为磁偏角，用 δ 表示。如图 4-15 所示，磁子午线方向在真子午线方向东侧，称为东偏，δ 为正；反之称为西偏，δ 为负。

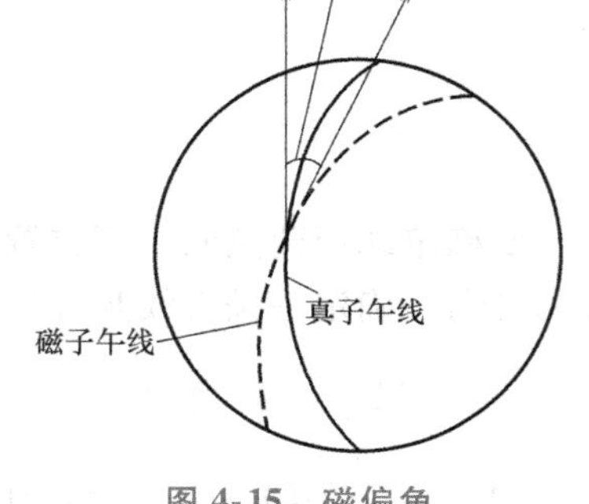

图 4-15　磁偏角

2. 子午线收敛角 γ

在中央子午线上，真子午线与坐标纵轴线重合，其他地区不重合，两者的夹角即为子午线收敛角，用 γ 表示。如图 4-16 所示。当坐标纵轴线方向在真子午线方向以东，称为东偏，γ 为正。反之称为西偏，γ 为负。

3. 直线的三种方位角之间的关系

如图 4-17 所示，直线的三种方位角之间的关系为

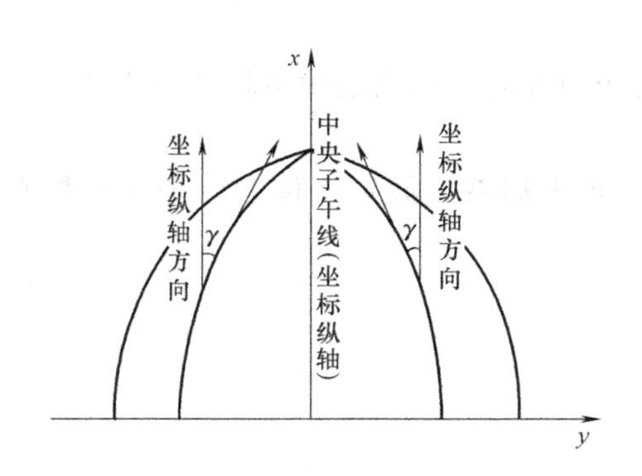

图 4-16　子午线收敛角

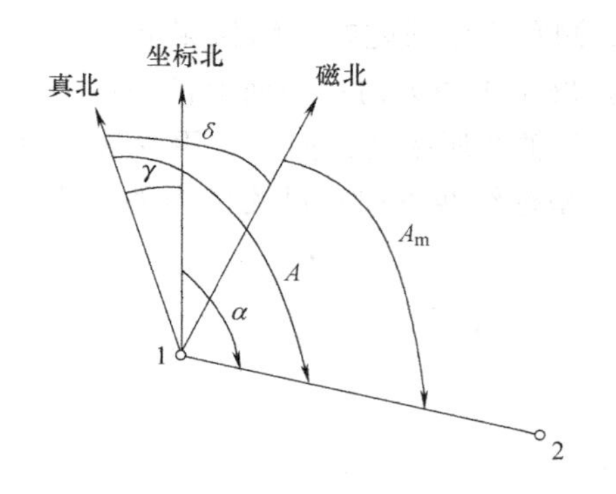

图 4-17　直线的三种方位角之间的关系

$$A=\alpha+\gamma \tag{4-9}$$

$$A=A_m+\delta \tag{4-10}$$

$$\alpha=A_m+\delta-\gamma\approx A_m \tag{4-11}$$

4.3.4　正反坐标方位角及推算

1. 正反坐标方位角

如图 4-18 所示，对于直线 AB，A 是起点，B 是终点，α_{AB}是直线 AB 的正坐标方位角，α_{BA}称为直线 AB 的反坐标方位角。同一直线正反坐标方位角相差 180°，即

$$\alpha_{正}=\alpha_{反}\pm 180° \tag{4-11}$$

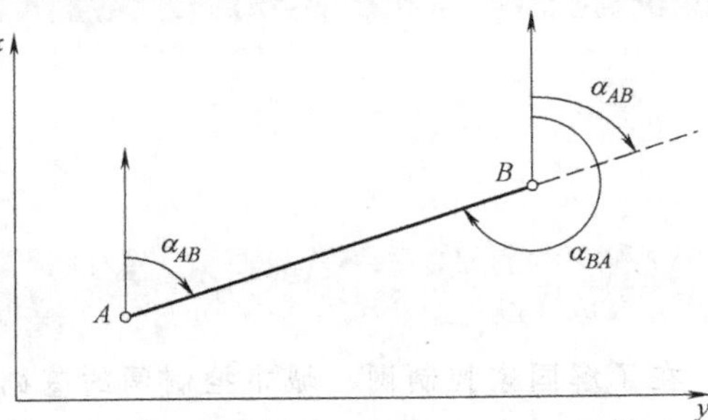

图 4-18　正反坐标方位角

【例 4-3】　如图 4-18 所示，已知直线 AB 坐标方位角为 $\alpha_{AB}=78°20'24''$，求直线 AB 反坐标方位角 α_{BA}。

【解】　$\alpha_{BA}=\alpha_{AB}+180°=78°20'24''+180°=258°20'24''$

2. 坐标方位角推算

如图 4-19 所示，α_{12}已知，通过连测求得 12 边与 23 边的连接角为 β_2（右角）、23 边与 34 边的连接角为 β_3（左角），可推算出 α_{23}、α_{34}的计算式为

$$\alpha_{23}=\alpha_{21}-\beta_2=\alpha_{12}+180°-\beta_2$$

$$\alpha_{34}=\alpha_{32}+\beta_3=\alpha_{23}+180°+\beta_3$$

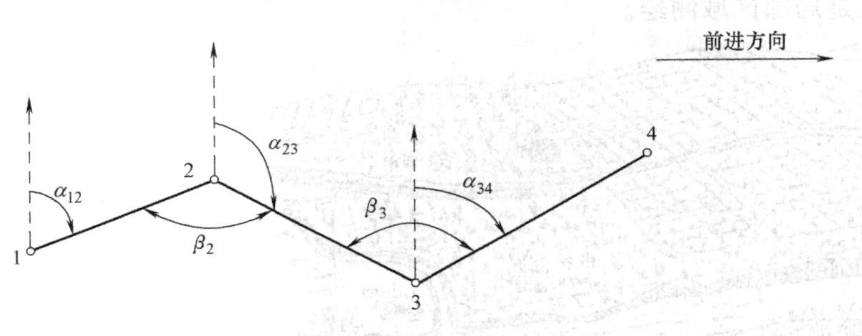

图 4-19　坐标方位角推算

则坐标方位角的通用公式为

$$\alpha_{前}=\alpha_{后}+180°\pm\beta_{右}^{左} \tag{4-12}$$

当 β 角为左角时，取“+”；为右角时，取“-”。计算中，若 $\alpha_{前}>360°$，减 360°；若 $\alpha_{前}<0°$，加 360°。

【例 4-4】　如图 4-20 所示，已知 $\alpha_{12}=46°$，β_2、β_3 及 β_4 的角值均注于图上，试求其余各边坐标方位角。

【解】　$\alpha_{23}=\alpha_{12}+180°-\beta_2=46°+180°-125°10'=100°50'$

$\alpha_{34}=\alpha_{23}+180°+\beta_3=100°50'+180°+136°30'=417°20'>360°$

即 $\alpha_{34}=417°20'-360°=57°20'$

$\alpha_{45}=\alpha_{34}+180°-\beta_4=57°20'+180°-247°20'=-10°<0°$

即 $\alpha_{45}=-10°+360°=350°$

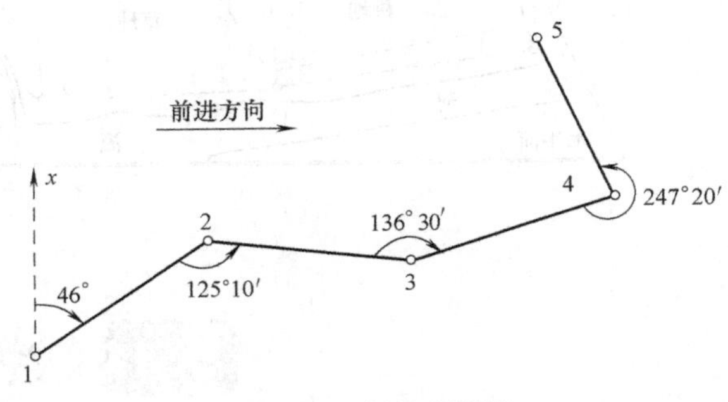

图 4-20　例 4-4 题图

单元5 小地区控制测量

[学习目标]

在了解国家控制网、城市控制网的基础上，理解图根控制测量的定义，重点掌握经纬仪导线测量的外业测量、内业计算，掌握三、四等水准测量和三角高程测量基本方法。

如图5-1所示，在测区内选定若干个起控制作用的控制点A、B、C、D、E、F、G、H，用比较精密的测量仪器、工具和比较严密的测量方法，精确测定控制点的平面位置和高程，这部分测量工作称为控制测量。依据这些控制点，以较控制测量低的精度测绘其周边道路、房屋、草地、水沟等轮廓点，直至测完整个测区，这就是局部区域测绘。

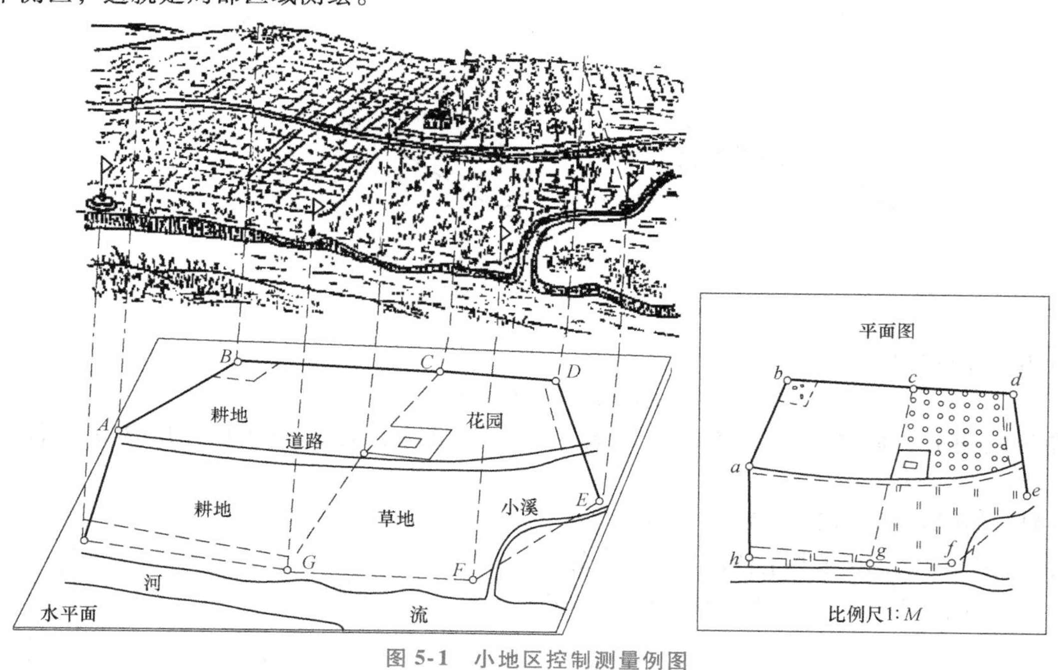

图5-1 小地区控制测量例图

5.1 控制测量概述

测量工作基本原则之一：先控制后碎部（包括测图和施工放样）。控制测量是在测区内选定若干个

起控制作用的点而构成一定的几何图形（称为控制网），用比较精密的测量仪器、工具和比较严密的测量方法，精确测定控制点的平面位置和高程的工作。控制测量分为平面控制测量和高程测量。

5.1.1 平面控制测量

平面控制测量就是确定控制点的平面位置坐标。由控制点组成的几何图形，称为控制网。

在全国范围内建立的平面控制网，称为国家平面控制网。平面控制测量的主要方法是三角测量和导线测量。由三角测量的方法测出精度由高到低分为一等、二等、三等、四等四个等级的国家平面控制网，这是基本控制，兼用于建设和科研。一等精度最高，是国家控制网的骨干，二等是国家控制网全面基础，三、四等是二等的进一步加密。国家一、二等平面控制网布置形式如图 5-2 所示。

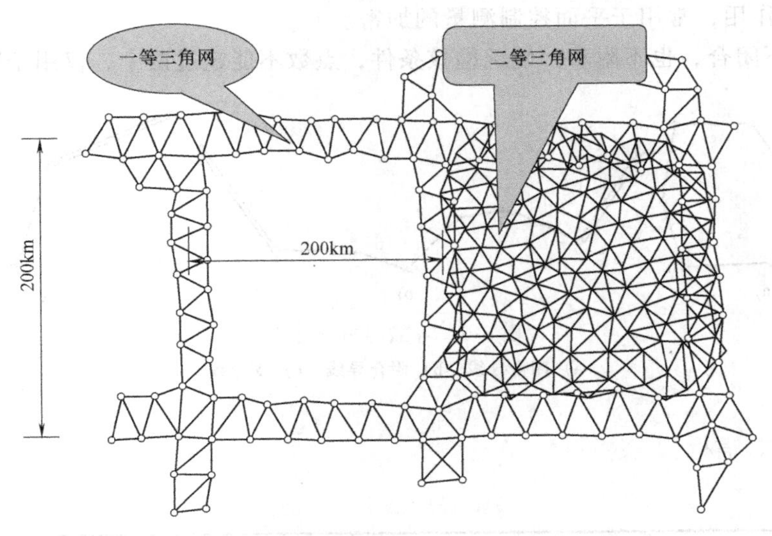

图 5-2 国家一、二等平面控制网布置形式

在城市地区建立的平面控制网，称为城市平面控制网。

在小于 15km^{2}范围内建立的控制网，称为小地区平面控制网。小地区控制网应与国家控制网或城市控制网联测，以便建立统一的坐标系统，如果无条件与之联测，可在测区内建立独立的控制网。小地区平面控制网，可以分级建立，首先建立首级控制网，最高的精度。在此基础上，加密直接为测图服务的控制网，称为图根控制网。图根点密度要足够，以满足测量要求为原则。导线测量方法常用于小地区平面控制测量，特别适用于建筑物密集的建筑区和平坦而通视条件差的隐蔽区。

5.1.2 高程控制测量

国家高程控制网按一、二、三、四等精密水准测量的方法测定。一、二等基本控制，三、四等进一步加密，兼作科研和经济建设用。

在城市地区建立的高程控制网，称为城市高程控制网。面积在 15km^{2}以内的小地区范围内，为大比例测图和工程建设而建立的高程控制网，称为小地区高程控制网，它们应尽量连测，也可单独分级建立。

5.2 导线测量

在测区内将相邻控制点连成直线从而构成的连续折线称为导线。构成导线的控制点，称为导线点。导线测量就是依次测定各导线边的边长和各转折角，根据起始数据，推算各边的坐标方位角，从而求出各导线点的坐标。

用经纬仪测量转折角、用钢尺丈量边长的导线，称为经纬仪导线。

5.2.1 导线外业工作

1. 导线的布设形式（图 5-3）

1）闭合导线：由已知导线点出发，经过中间点，又回到该点，形成闭合的图形。常用于小地区的首级平面控制的测量。

2）附合导线：由已知导线点出发，经过中间点，不测回到起点而是达到另一个已知点，形成的图形。具有检核成果的作用，常用于平面控制测量的加密。

3）支导线：既不闭合，也不附和。缺乏检核条件，点数不能超过两个，仅用于图根测量。

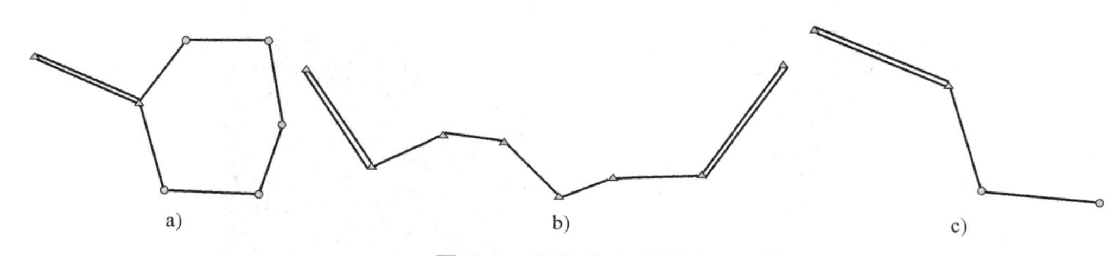

图 5-3 导线的布设形式

a）闭合导线 b）附合导线 c）支导线

2. 导线测量技术指标（表 5-1）

表 5-1 导线测量技术指标

等级	附合导线长度/m	平均边长/m	往返丈量相对误差	测角中误差/(″)	导线全长相对闭合差	方位角闭合差/(″)	水平角观测测回数	
							DJ_2	DJ_6
一级	2500	250	1/20000	±5	1/10000	$\pm10\sqrt{n}$	2	4
二级	1800	180	1/15000	±8	1/7000	$\pm16\sqrt{n}$	1	3
三级	1200	120	1/10000	±12	1/5000	$\pm24\sqrt{n}$	1	2
图根	1.0M	≤1.5d	1/3000*	±20	1/2000	$\pm40\sqrt{n}$		1

注：M 为测图比例尺分母，d 为测图最大视距，n 为测站数，* 表示特殊困难地区为 1∶1000。

3. 导线测量的外业工作

（1）踏勘选点及建立标志　收集控制点的资料，制定技术计划，踏勘、选点。选点原则如下：

1）相邻点间通视良好，地势平坦，便于测角和量距。

2）点位选在土质坚实处，便于保存标志和安置仪器，施测碎部。

3）导线各边的长度大致相等。

4）导线点应有足够的密度，且分布均匀，便于控制整个测区。

设标志：有临时性和永久性两种，导线点应统一编号。

（2）量边长　精度要求见表 5-1。

（3）测转折角　在附和导线中，测左角或右角；在闭合导线中，测内角；对于图根导线，要分别观测左角和右角，以资检核，误差符合表 5-1 的规定。

（4）导线连接测量　当有条件或需要时，导线应与高程控制点连接，以便通过连续测量，由高级控制点求出导线起始点坐标和起始边坐标方位角，作为导线起算数据。也可以单独建立坐标系，假设起始点坐标，用罗盘仪测出导线起始边的磁方位角，作为起算数据。

5.2.2　导线测量的内业计算

导线内业计算就是根据起始点的坐标和起始边的坐标方位角以及所测的导线的转折角和边长，计算导线各点的坐标。

1. 坐标计算的基本公式

（1）坐标正算公式　已知 A（x_A，y_A）、α_{AB}、D_{AB}、如图 5-4 所示，则

$\Delta x_{AB}=D_{AB}\cos\alpha_{AB}$

$\Delta y_{AB}=D_{AB}\sin\alpha_{AB}$

$x_B=x_A+D\cos\alpha_{AB}$

$y_B=y_A+D\sin\alpha_{AB}$

Δ 的正负号可由 α_{AB}所在的象限判断。

（2）坐标反算　已知 A（x_A，y_A），B（x_B，y_B），如图 5-4 所示，则

$$D_{AB}=\sqrt{x_{AB}^2+y_{AB}^2}\qquad \alpha_{AB}=\arctan\frac{y_B-y_A}{x_B-x_A}$$

可由 Δx、Δy 的正负号确定 α_{AB}所在的象限，将 R_{AB}换算成 α_{AB}。

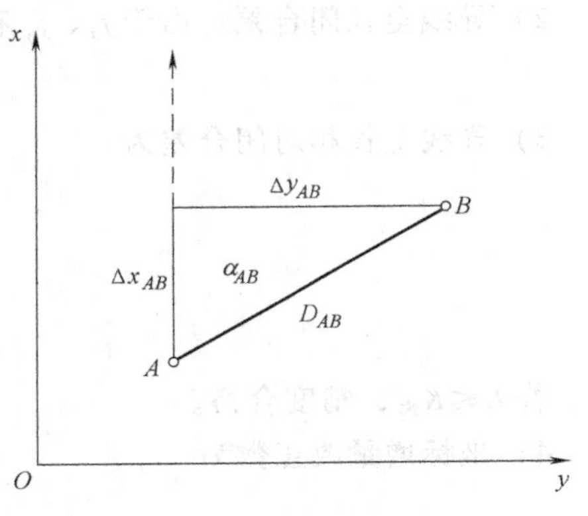

图 5-4　坐标计算

2. 导线各边方位角的推算

右角推算方位角的规律为

$$\alpha_{前}=\alpha_{后}+180°-\beta_{右}$$

左角推算方位角的规律为

$$\alpha_{前}=\alpha_{后}+180°+\beta_{左}$$

注意：0°≤α≤360°，当 α<0°时自动加 360°，当 α>360°时自动减 360°。

3. 闭合导线坐标计算

（1）角度闭合差的计算及调整

$$f_\beta=\sum\beta_{测}-\sum\beta_{理}=\sum\beta_{测}-(n-2)\times180°$$

式中　n——内角个数；

$\sum\beta_{理}$——内角和的理论值。

$$f_{\beta允}=\pm40''\sqrt{n}$$

$f_\beta\leqslant f_{\beta允}$则精度符合要求，按平均分配原则，计算改正，即

$$v_\beta=\frac{-f_\beta}{n}$$

计算改正后新的角值，即

$$\beta_{改}=\beta_{测}-f_\beta/n$$

注意：按 f_β/n 计算改正数，取到秒位，而把多余的整秒加到短边构成的转角上。

检核：　$\sum v_\beta=-f_\beta\quad \sum\beta_{改}=(n-2)\times180°$

（2）各边坐标方位角计算　根据起始边方位角和改正后各内角，根据左角和右角公式依次推算各边方位角。

检核：$\alpha_{始推}=\alpha_{始已知}$。

（3）坐标增量闭合差的计算及调整

1）坐标增量闭合差计算。

① 闭合导线各边坐标增量总和的理论值为

$$\sum \Delta x_{理}=0$$
$$\sum \Delta y_{理}=0$$

② 坐标增量闭合差为

$$f_x=\sum \Delta x_{测}-\sum \Delta x_{理}=\sum \Delta x_{测}$$
$$f_y=\sum \Delta y_{测}-\sum \Delta y_{理}=\sum \Delta y_{测}$$

2）导线全长闭合差。由于f_x、f_y存在，使终点回不到起点，相差f由此来评定精度，即

$$f=\sqrt{f_x^2+f_y^2}$$

3）导线全长相对闭合差为

$$K=\frac{f}{\sum D}=\frac{1}{\frac{\sum D}{f}}$$

$$K_{容}=1/2000$$

若$K\leqslant K_{容}$，精度合格。

4）坐标增量改正数为

$$v_{x_i}=-\frac{f_x}{\sum D}D_i$$

$$v_{y_i}=-\frac{f_y}{\sum D}D_i$$

f_x、f_y以相反符号按与边长成正比的关系（v_{x_i}、v_{y_i}）分配到相应边纵、横坐标增量中去。

检核：

$$\sum v_{x_i}=-f_x$$
$$\sum v_{y_i}=-f_y$$

5）改正后坐标增量为

$$\Delta x_{改}=\Delta x_{测}+v_{x_i}$$
$$\Delta y_{改}=\Delta y_{测}+v_{y_i}$$

检核：

$$\sum \Delta x_{改}=0$$
$$\sum \Delta x_{改}=0$$

（4）导线坐标计算

$$x_{前}=x_{后}+\Delta x$$
$$y_{前}=y_{后}+\Delta y$$

检核：

$$x_{起推}=x_{起已知}$$
$$y_{起推}=y_{起已知}$$

【例 5-1】 已知一条闭合导线，如图 5-5 所示，试通过外业测量，在图上填写已知数据和观测数据。

【解】 1）在闭合导线坐标计算表（表 5-2）中填写已知数据和观测数据。

2）角度闭合差的计算与调整。

角度闭合差为

$$f_\beta=\sum\beta_{测}-\sum\beta_{理}=\sum\beta_{测}-(n-2)\times180^\circ=-60''$$

$$f_{\beta允}=\pm40''\sqrt{n}=\pm80''$$

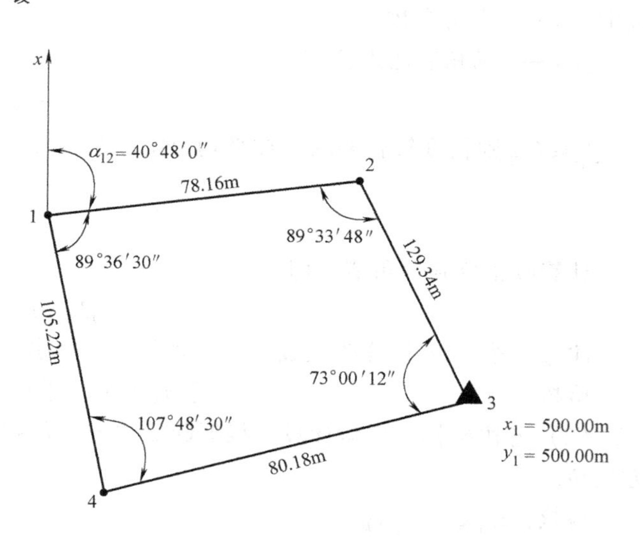

图 5-5 闭合导线计算

$f_{\beta} \leqslant f_{\beta允}$，精度符合要求，则按平均分配原则，计算改正，即

$$V_{\beta} = \frac{-f_{\beta}}{n}$$

填表 5-2 第 3 列；计算改正后新的角值填表 5-2 第 4 列。

3）按新的角值，推算各边坐标方位角。

根据起始边方位角和改正后各内角，根据右角公式依次推算各边方位角，填表 5-2 第 5 列。

4）按坐标正算公式，根据表 5-2 第 6 列，计算各边坐标增量，填表 5-2 第 7、8 列。

5）坐标增量闭合差计算与调整

$$K = \frac{f}{\sum D} = \frac{1}{\frac{\sum D}{f}} = \frac{1}{3500}$$

$$K_{容} = 1/2000$$

$K \leqslant K_{容}$，精度合格。f_x、f_y 以相反符号按边长成正比分配到各坐标增量上去，并计算改正后的坐标增量填表 5-2 第 9、10 列。

6）坐标计算。根据起始点的已知坐标和经改正的新的坐标增量，来依次计算各导线点的坐标，填表 5-2 第 11、12 列。

表 5-2　闭合导线坐标计算表

点名	观测角值/(° ′ ″)	改正数/(″)	改正后角值/(° ′ ″)	坐标方位角/(° ′ ″)	边长/m	坐标增量/m		改正后坐标增量/m		坐标值/m		备注
						Δx	Δy	Δx	Δy	x	y	
1	2	3	4	5	6	7	8	9	10	11	12	13
1				40 48 0	78.16	+2 +59.17	−1 +51.07	+59.19	+51.06	500.00	500.00	
2	89 33 48	+18	89 34 06	131 13 54	129.34	+3 −85.25	−2 +97.27	−85.22	+97.25	559.19	551.06	
3	73 00 12	+12	73 00 24	238 13 30	80.18	+2 −42.22	−2 −68.16	−42.20	−68.18	473.97	648.31	
4	107 48 30	+12	107 48 42	310 24 48	105.22	+2 +68.21	−2 −80.11	+68.23	−80.13	431.77	580.13	
1	89 36 30	+18	89 36 48	40 48 00						500.00	500.00	
2												
总和	359 59.0	+1.0	360 00.0		392.90	−0.09	+0.07	0.00	0.00			
辅助计算	$\sum\beta_{测} = 359°59'.0$ $-)\ \sum\beta_{测} = 360°00'.0$ $f_{\beta} = -1'.0$ $f = \sqrt{f_x^2 + f_y^2} = \sqrt{(-0.09)^2 + (+0.07)^2} = 0.11$ $f_{\beta允} = \pm 40''\sqrt{n} = \pm 80''$　$K = \frac{f}{\sum D} = \frac{0.11}{392.90} = \frac{1}{3500} < \frac{1}{2000}$ $f_{\beta} < f_{\beta允}$，符合精度要求。　满足精度要求。					导线略图	x　2　α_{12}　β_2　1　β_1　β_3　3　β_4　4					

4. 附合导线坐标计算

附合导线的坐标计算与闭合导线的基本相同。但由于导线布置的形式不同（首先表现为二者的起算数据不同），因而在角度闭合差与坐标增量闭合差的计算上稍有差别，相应检核略不同。

（1）角度闭合差的计算与调整

$$\alpha'_{终} = \alpha_{始} \pm \sum\beta_{测} \mp n180°$$

$$f_\beta = \alpha'_{终} - \alpha_{终}$$
$$f_{\beta允} = \pm 40''\sqrt{n}$$

$f_\beta \leqslant f_{\beta允}$则精度符合要求，

当用左角计算 $\alpha'_{终}$时，改正数与f_β 反号；当用右角计算 $\alpha'_{终}$时，改正数与f_β 同号。

（2）坐标增量闭合差的计算与调整

1）坐标增量闭合差的计算。

① 各边坐标增量总和的理论值

$$\sum \Delta x_{理} = x_{终} - x_{始}$$
$$\sum \Delta y_{理} = y_{终} - y_{始}$$

② 坐标增量闭合差

$$f_x = \sum \Delta x_{测} - (x_{终} - x_{始})$$
$$f_y = \sum \Delta y_{测} - (y_{终} - y_{始})$$

2）导线全长闭合差。由于f_x、f_y 存在，使终点回不到起点，相差f由此来评定精度，即

$$f = \sqrt{f_x^2 + f_y^2}$$

3）导线全长相对闭合差

$$K = \frac{f}{\sum D} = \frac{1}{\frac{\sum D}{f}}$$
$$K_{容} = 1/2000$$

若 $K \leqslant K_{容}$，精度合格。

4）坐标增量改正数

$$v_{x_i} = -\frac{f_x}{\sum D} D_i$$
$$v_{y_i} = -\frac{f_y}{\sum D} D_i$$

f_x、f_y 以相反符号按与边长成正比的关系（v_{x_i}、v_{y_i}）分配到相应边纵、横坐标增量中去。

检核：

$$\sum v_{x_i} = -f_x$$
$$\sum v_{y_i} = -f_y$$

5）改正后坐标增量为：

$$\Delta x_{改} = \Delta x_{测} + v_{x_i}$$
$$\Delta y_{改} = \Delta y_{测} + v_{y_i}$$

检核：

$$\sum \Delta x_{改} = 0$$
$$\sum \Delta x_{改} = 0$$

【例 5-2】 已知一条附合导线，如图 5-6 所示，试通过外业测量，在图上填写已知数据和观测数据。

【解】 1）在附合导线坐标计算表（表 5-3）中填写已知数据和观测数据。

2）角度闭合差的计算与调整。

角度闭合差为

$$\alpha'_{终} = \alpha_{始} \pm \sum \beta_{测} \mp n \cdot 180°$$
$$f_\beta = \alpha'_{终} - \alpha_{终} = +1'04''$$
$$f_{\beta允} = \pm 40''\sqrt{n} = \pm 1'38''$$

$f_\beta \leqslant f_{\beta允}$，精度符合要求，用左角计算 $\alpha'_{终}$时，改正数与f_β 反号，即

$$V_\beta = \frac{-f_\beta}{n}$$

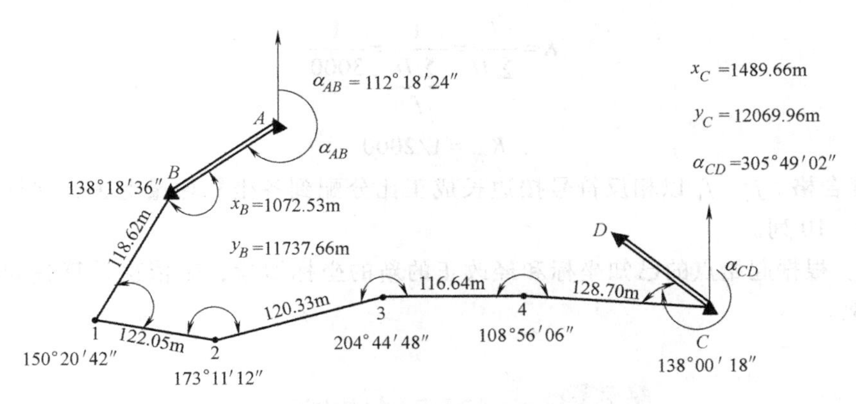

图 5-6　附合导线计算

填表 5-3 第 3 列；计算改正后新的角度值填表 5-3 第 4 列。

3）按新的角值，推算各边坐标方位角。

根据起始边方位角和改正后各内角，根据右角公式依次推算各边方位角，填表 5-3 第 5 列。

4）按坐标正算公式，根据表 5-3 第 6 列，计算各边坐标增量，填表 5-3 第 7、8 列。

5）坐标增量闭合差计算与调整。

表 5-3　附合导线坐标计算表

点名	观测角值 /(° ′ ″)	改正数 /(″)	改正后角值 /(° ′ ″)	坐标方位角 /(° ′ ″)	边长 /m	坐标增量/m		改正后坐标增量/m		坐标值/m		备注
						Δx	Δy	Δx	Δy	x	y	
1	2	3	4	5	6	7	8	9	10	11	12	13
A				112 18 24								
B	138 18 36	-10	138 18 26	70 36 50	118.62	-1 +39.37	+3 111.89	+39.36	+111.92	1072.53	11737.66	
1	150 20 42	-11	150 20 31	40 57 21	122.05	-2 +92.17	+4 +80.00	+92.15	+80.04	111.89	11849.58	
2	173 11 12	-11	173 11 01	34 08 22	120.33	-2 +99.59	+4 +67.53	+99.57	+67.57	1204.04	11929.62	
3	204 44 48	-11	204 44 37	58 52 59	116.64	-1 +60.28	+3 +99.86	+60.27	+99.89	1303.61	11997.19	
4	108 56 06	-11	108 55 55	347 48 02	128.70	-2 +125.80	+4 -27.16	+125.78	-27.12	1363.88	12097.08	
C	138 00 18	-10	138 00 08	305 49 02						1489.66	12069.96	
D												
总和	913 31 42	-64	913 30 38		606.34	+417.21 $f_x=+0.08$	+332.18 $f_y=-0.18$	417.13	+332.30			

辅助计算

$\sum\beta=913°31'42'$

$\alpha_{始}-\alpha_{终}=-193°30'38''$　　$f=\sqrt{f_x^2+f_y^2}$

$-4\times180°=-720°$　　$=\sqrt{(0.08)^2+(-0.18)^2}=0.20$

$f_\beta=+1'04''$

$f_{\beta允}=\pm40''\sqrt{6}=\pm1'38''$　　$K=\dfrac{f}{\sum D}=\dfrac{0.20}{606.34}=\dfrac{1}{3000}<\dfrac{1}{2000}$

$f_\beta<f_{\beta允}$，符合精度要求。　满足精度要求。

导线略图

$$K=\frac{f}{\sum D}=\frac{1}{\frac{\sum D}{f}}=\frac{1}{3000}$$

$$K_{容}=1/2000$$

$K \leqslant K_{容}$，精度合格。f_x、f_y 以相反符号按边长成正比分配到各坐标增量上去，并计算改正后的坐标增量填表 5-3 第 9、10 列。

6）坐标计算。根据起始点的已知坐标和经改正的新的坐标增量，来依次计算各导线点的坐标，填表 5-3 第 11、12 列。

5.3 高程控制测量

小区域高程控制测量分水准测量和三角高程测量。通常以三、四等水准测量建立测区的首级控制，然后发展图根水准测量和三角高程测量，即

三四等水准测量——首级

图根水准测量——平坦地区

三角高程测量——山区、位于高层建筑物上的点

5.3.1 三、四等水准测量

三、四等水准测量可用于小地区首级高程控制网及建设工程中的工程测量和变形观测的基本控制，其技术要求见表 5-4。

表 5-4 三、四等水准测量的技术要求

等级	水准仪	水准尺	视线离地高度	视线长度/m	前后视距差/m	前后视距差累积值/m	红黑面读数差/m	红黑面高差之差/mm	检测间歇高差之差/mm	观测次数		往返较差、附合或环形闭合差	
										与已知点连测的	附合或环形的	平地/mm	山地/mm
三	DS_3	双面	三丝能读数	65	3.0	6.0	2	3	3	往返各一次	往返各一次	$\pm 12\sqrt{L}$	$\pm 4\sqrt{n}$
四	DS_3	双面		80	5.0	10.0	3	5	5	往返各一次	往一次	$\pm 20\sqrt{L}$	$\pm 6\sqrt{n}$

注：计算往返较差时，L 为单程路线长度，以 km 计，n 为测站数（单程）。

三、四等水准测量的观测程序及计算见【例 5-3】。

【例 5-3】 已知地面两个水准点 BM1 和 BM2，两水准点中间有 TP1、TP2、TP3 三个转点，如图 5-7 所示，分别对每个测站进行观测，并进行计算。

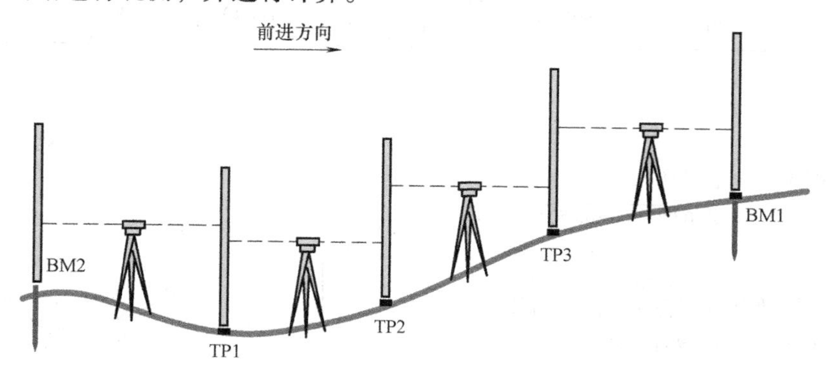

图 5-7 三、四等水准测量观测例题

【解】

1. 一个测站的观测程序

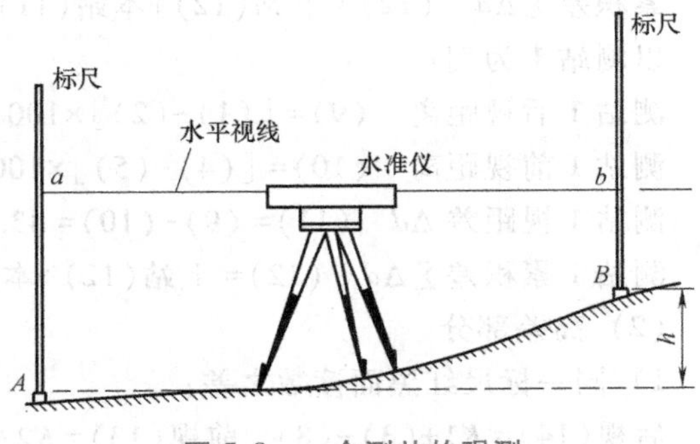

图 5-8　一个测站的观测

安置仪器，粗平，如图 5-8 所示，按如下顺序观测，并将数据填写在表 5-5 中相应的单元格内：

1）后视 A 点，黑面，精平，读下上中丝，记录于（1）（2）（3）。

2）前视 B 点，黑面，精平，读下上中丝，记录于（4）（5）（6）。

3）前视 B 点，红面，精平，读中丝，记录于（7）。

4）后视 A 点，红面，精平，读中丝，记录于（8）。

表 5-5　三、四等水准测量记录表

测站编号	点号	后尺 上丝 下丝 后视距 视距差 Δd/m	前尺 上丝 下丝 前视距 累积差 $\Sigma\Delta d$/m	方向及尺号	水准尺读数 黑面	水准尺读数 红面	K+黑-红/mm	平均高差/m
		(1) (2) (9) (11)	(4) (5) (10) (12)	后尺 前尺 后-前	(3) (6) (15)	(8) (7) (16)	(14) (13) (17)	(18)
1	BM2—TP1	1426 0995 43.1 +0.1	0801 0371 43.0 +0.1	后 106 前 107 后-前	1211 0586 +0.625	5998 5273 +0.725	0 0 0	+0.6250
2	TP1—TP2	1812 1296 51.6 -0.2	0570 0052 51.8 -0.1	后 107 前 106 后-前	1554 0311 +1.243	6241 5097 +1.144	0 +1 -1	+1.2435
3	TP2—TP3	0889 0507 38.2 0.2	1713 1333 38.0 +0.1	后 106 前 107 后-前	0698 1523 -0.825	5486 6210 -0.724	-1 0 -1	-0.8245
4	TP3—BM1	1891 1525 36.6 -0.2	0758 0390 36.8 -0.1	后 107 前 106 后-前	1708 0574 +1.134	6395 5361 +1.034	0 0 0	+1.1340
检核计算	$\Sigma(9)=169.5$ $\Sigma(10)=169.6$ $\Sigma(9)-\Sigma(10)=-0.1$ $\Sigma(9)+\Sigma(10)=339.1$		$\Sigma(3)=5.171$ $\Sigma(6)=2.994$ $\Sigma(15)=+2.177$ $\Sigma(15)+\Sigma(16)=+4.356$			$\Sigma(8)=24.120$ $\Sigma(7)=21.941$ $\Sigma(16)=+2.179$ $2\Sigma(18)=+4.356$		

注：水准尺：$K_{106}=4.787\text{m}$；$K_{107}=4.687\text{m}$。

2. 计算

（1）视距部分

后视距离　$(9)=[(1)-(2)]\times100$

前视距离　$(10)=[(4)-(5)]\times100$

视距差 Δd　$(11)=(9)-(10)$

累积差 $\sum\Delta d$ (12)= 上站(12)+本站(11)

以测站 1 为例：

测站 1 后视距离 (9)= [(1)-(2)]×100=(1.426-0.995)m×100=43.1m

测站 1 前视距离 (10)= [(4)-(5)]×100=(0.801-0.371)m×100=43m

测站 1 视距差 Δd (11)=(9)-(10)=43.1m-43m=0.1m

测站 1 累积差 $\sum\Delta d$ (12)= 上站(12)+本站(11)=0.1m

(2) 高差部分

1) 同一标尺红黑面读数之差：

后视(14)= $K1$+(3)-(8)，前视(13)= $K2$+(6)-(7)

测站 1 后视(14)= K_{106}+(3)-(8)= 0mm，前视(13)= K_{107}+(6)-(7)= 0mm

2) 黑面高差(15)=(3)-(6)，红面高差(16)=(8)-(7)。

测站 1 黑面高差(15)=(3)-(6)=+0.625m，红面高差(16)=(8)-(7)=+0725m

3) 红黑面高差之差(17)=(15)-(16)±0.100m。

测站 1 红黑面高差之差(17)=(15)-(16)-0.100m=0.625m-0.725m-0.1m=0m

4) 高差平均值(18)=[(15)+(16)±0.100]/2

测站 1 高差平均值(18)=[(15)+(16)-0.100]/2=[0.625+0.725-0.100]m/2=0.625m

依次可以算出其他测站结果，并记录于表 5-5 中。

5.3.2 三角高程测量

当山区和地面坡度较大、测图基本等高距大于 0.5m 时，图根点和其他平面控制点的高程，均可采用三角高程测量测定。

1. 基本原理

三角高程测量是根据两点的水平距离和竖直角计算两点的高差。如图 5-9 所示，已知 A 点的高程 H_A，欲测 B 点的高程 H_B，则有

$$h_{AB}=D\tan\alpha+i-v$$

$$H_B=H_A+h_{AB}=H_A+D\tan\alpha+i-v$$

注意：当两点距离较大（大于 300m）时，加球气差改正数

$$f=0.43\frac{D^2}{R}$$

所以 $h_{AB}=i+D\tan\alpha-v+f$ 或 $h_{AB}=i+S\sin\alpha-v+f$

可采用对向观测后取平均的方法，抵消球气差的影响。

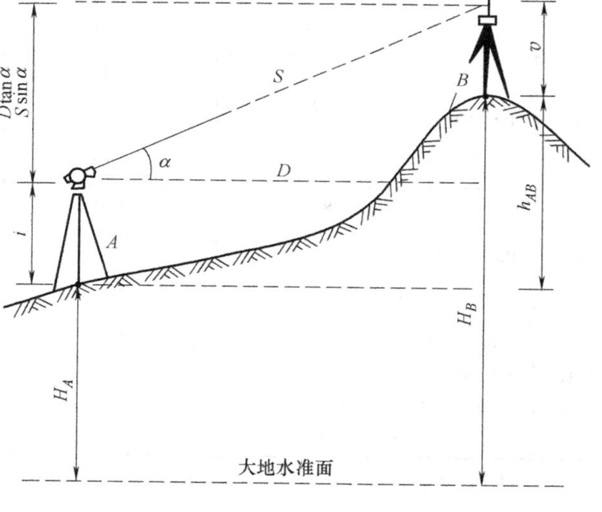

图 5-9 三角高程测量原理

2. 观测计算

在三角高程路线各边上，一般应进行往返测，又称对向观测（双向观测），以消除地球曲率和大气折光的影响。具体实施步骤为：

1) 安置仪器于 A 点上，用钢尺两次量 i 及 v，读至 0.5cm。两次之差不超过 1cm 时，取其平均值，记入手薄。

2) 瞄准 B 点战标，用中丝法观测竖直角一测回。

3) 搬仪器于 B 点，同法 A 点进行观测一测回。竖盘指标差 $x=25''$。

4）计算。检查外区成果有无错误，转变是否符合要求，所需数据是否齐全。同一边往返测高差之差不得超过0.04D（m）（D为边长，以百米为单位），若符合要求，取平均值为最后结果。

【例5-4】　现场有A、B、C三点，通过外业测量观测，试在三角高程测量表上填写已知数据和观测数据，进行高差计算。

【解】　将已知数据和观测数据填入表5-6中，则有

（1）A、B两点的往测高差

$$h_{AB}=i+S\sin\alpha-v+f=1.440\text{m}+593.391\text{m}\times\sin11°32'49''-1.502\text{m}+0.022\text{m}=118.740\text{m}$$

（2）A、B两点的返测高差

$$h_{BA}=i+S\sin\alpha-v+f=1.491\text{m}+593.400\text{m}\times\sin(-11°33'06'')-1.400\text{m}+0.022\text{m}=-118.716\text{m}$$

（3）A、B两点的平均高差

$$\overline{h}=+(h_{AB}+h_{BA})/2=+118.728\text{m}$$

同理可以算出B、C两点的平均高差。

表5-6　三角高程测量高差计算

起算点	A		B	
待定点	B		C	
往返测	往	返	往	返
斜距S/m	593.391	593.400	491.360	491.301
竖直角α	+11°32′49″	−11°33′06″	+6°41′48″	−6°42′04″
$S\sin\alpha$/m	118.780	−118.829	57.299	−57.330
仪器高i/m	1.440	1.491	1.491	1.502
觇牌高v/m	1.502	1.400	1.522	1.441
两差改正f/m	0.022	0.022	0.016	0.016
单向高差h/m	+118.740	−118.716	+57.284	−57.253
往返平均高差$\overline{h}$/m	+118.728		+57.268	

单元6 地形图的应用

[学习目标]

学习地形图的比例尺，地物、地貌在地形图上的表示；熟悉地形图的识读，会应用地形图求某点的平面坐标及高程；掌握直线的长度、坐标和方位角；理解两点间的坡度，能够算出图形面积；掌握地形图断面绘制，按要求坡度选最短路线，确定汇水区域。

在工程建设中，地形图是重要的图件。如图6-1所示，在地形图上可以获得地物、地貌、交通、水系、居民点等多方面的信息，为工程决策提供依据。

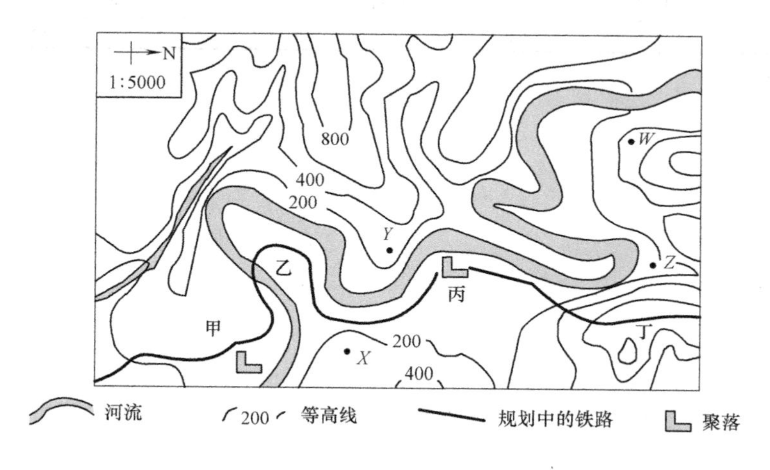

图6-1 地形图例图

6.1 概 述

地形图就是应用测量学的原理和方法，将欲测地区测定的各种地物及地貌特征点，按一定的比例尺和规定的符号绘成的图形。

6.1.1 比例尺

图上线段与实地相应线段长度之比称为比例尺。比例尺分数字比例尺和直线比例尺。

1. 数字比例尺

数字比例尺是用分数或数字比例的形式来表示的比例尺，即

$$\frac{d}{D}=\frac{1}{M}$$

M 越小，比例越大，反映地表越详细。比例尺分为大比例尺、中比例尺和小比例尺：

大比例尺　1∶500　1∶1000　1∶2000　1∶5000

中比例尺　1∶1000　1∶2.5万　1∶5万　1∶10万

小比例尺　1∶200000　1∶50万　1∶100万

大比例尺图一般用平板仪、经纬仪以实测为主，用于工程用图；中比例尺图用于国家基本图，由国家测绘部门负责测绘，以航测式成图；小比例尺图根据中比例尺图编绘而成。

2. 直线比例尺

直线比例尺又称图示比例尺，它直接方便，还可以减小图纸伸缩引起的误差。直线比例尺取1cm或2cm为基本单位，每基本单位代表实地长，如图6-2所示。

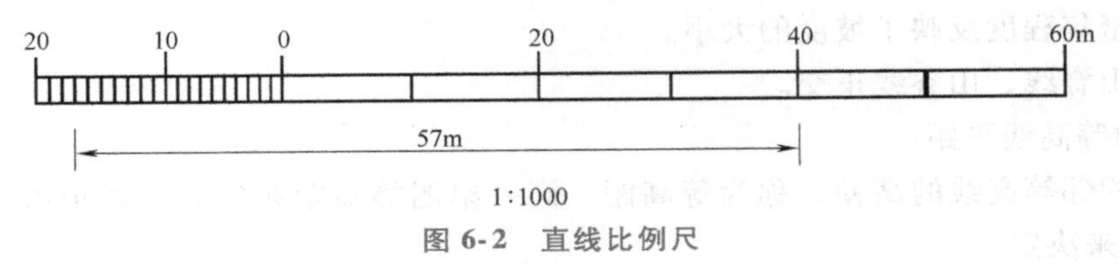

图6-2　直线比例尺

3. 比例尺精度

确定测图比例尺的主要因素是：在图上需要表示最小地物有多大，点的平面位置或两点间的距离要精确到什么程度。为此还需要知道比例尺精度。

图上0.1mm的实地水平距离，称为比例尺的精度。人眼分辨力为0.1mm，因而在测图时，只需达到图上0.1mm的正确性。比例尺精度有以下两方面的应用：

① 根据比例尺精度确定测图精度。如测1∶2000的图，比例尺精度为0.2m，量距取到0.2m。

② 根据工程的要求，选用一定的比例尺的地形图。如要求在图上能反映地面上10cm的精度，则选用的比例尺不小于1∶1000。

比例尺越大，图上反映的地物、地貌越详尽、准确。但测图工作量和投资将大大增加，所以选择比例尺要恰当。

6.1.2　地物、地貌在图上的表示方法

《国家基本比例尺地图图式》是测制、出版地形图的基本依据之一，是识读和使用地形图的重要工具。地形图图式包括地物符号与地貌符号。

1. 地形图的图框外注

地形图的图框外注包括：① 图名和图号；②接图表；③比例尺（数字，直线比例尺）；④坐标格网（经纬格网，直角坐标网线）；⑤三北关系图；⑥坡度比例尺$\left(i=\tan\alpha=\dfrac{h}{d\cdot M}\right)$；⑦坐标系、高程系；⑧测绘单位及测绘日期。

2. 地物符号

地形图上表示各种地物的形状、大小和它们位置的符号，称为地物符号，地物符号有四种。

1）依比例尺符号：如房屋、农田、森林等。

2）不依比例尺绘制的符号：如三角点、水准点、独立树、电杆、水塔等。

3）半依比例尺绘制的符号：如管线、围墙等。

（注：以上三种符号的使用界限总是固定不变的。）

4）地物注记：地形图上用文字、数字和特定符号对地物的性质名称和高程等加以说明，如地名、点名、高程、流向等。

3. 地貌符号

在地形图上表示地貌的方法很多，等高线是大比例尺地形图上表示地貌的一种方法。

（1）等高线　是指地面上高程相等的各相邻点连成的闭合曲线。

（2）等高线的特性

1）等高线上各点高程相等。

2）等高线是闭合曲线，不会在图内自行中断，如果不在本幅图内闭合，必然闭合于相邻的另一幅图。

3）等高线不相交，但陡坎、悬崖除外。

4）等高线的密集程度反映了坡度的大小。

5）等高线与山脊线、山谷线正交。

（3）等高距和等高线平距

1）地形图上相邻等高线的高差，称为等高距。同一幅图等高距相等。等高距由图比例尺、地面起伏情况和用图目的来决定。

2）相邻等高线间的水平距离称为等高线平距。平距与坡度的关系为：地面坡度越陡，等高线平距越小。

（4）等高线分类

1）首曲线：按规定的基本等高距测定的等高线。

2）计曲线：每隔四条首曲线加粗描绘一条首曲线。

3）间曲线：按1/2基本等高距测绘的等高线，常以长虚线表示，描绘时可不闭合。

4）助曲线：按1/4基本等高距测绘的等高线，常以短虚线表示，可不闭合。

（5）几种典型地貌的等高线

山头、洼地、山脊、山谷（山脊线、山谷线、集水线、分水线、地性线等）、鞍部、峭壁、悬岸等，另外还有梯田、冲沟、雨裂、阶地等。

6.2 地形图的基本应用

1. 图上点的坐标确定

如图6-3所示，点的直角坐标：

1）过 A 点作纵横坐标线的平行线，与纵横坐标线交于 e、f、g、h。

2）利用纵、横坐标格网坐标注记，读出 a 点的坐标 X、Y。

3）直尺量出 ag、ae 的长度，乘以 M，得 A 点相对于 a 点的坐标增量。

4）计算 A 点的坐标

$$X_A = X_a + \Delta X_{aA} = X_a + d_{ag} \cdot M \quad (6\text{-}1)$$

$$Y_A = Y_a + \Delta Y_{aA} = Y_a + d_{ae} \cdot M \quad (6\text{-}2)$$

2. 两点间的水平距离确定

（1）图解法　用比例尺直接量取。如图 6-3 所示，由图上直接量取 d_{AB}，则

$$D_{AB}=d_{AB}M$$

（2）解析法

$$D_{AB}=\sqrt{(X_B-X_A)^2+(Y_B-Y_A)^2} \tag{6-3}$$

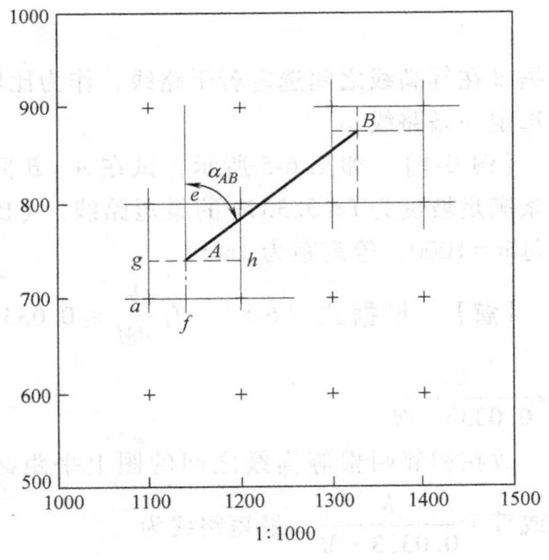

图 6-3　图上坐标、距离、方位角确定

3. 方位角确定

1）用量角器直接量取。

2）量测两点坐标，用坐标反算公式计算。如图 6-3 所示，则有

$$\alpha_{AB}=\arctan\frac{Y_B-Y_A}{X_B-X_A} \tag{6-4}$$

4. 确定点的高程

1）位于等高线上的点，直接读取。如图 6-4 中的 E 点，高程为 51m。

2）位于两条等高线之间的点，如图 6-4 中的 F、G 点，则计算如下：

过 F 点作一直线与两等高线相交于 P、Q，分别量取 PF 和 FQ 的长度，则 F 点高程按比例内插。如图 6-4 中，$PF=2\text{mm}$，$PQ=5\text{mm}$，则 F 点高程为

$$H_F=H_{48}+\frac{PF}{PQ}h=27\text{m}+\frac{2}{5}\times1\text{m}=27.4\text{m}$$

5. 两点间坡度的确定

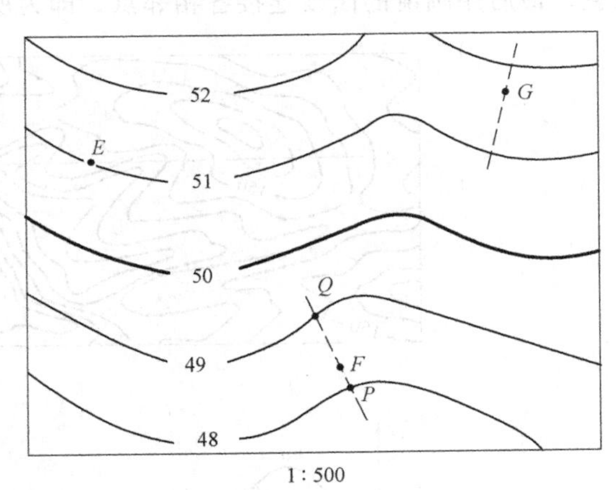

图 6-4　点的高程确定

计算公式为

$$i=\frac{h}{D}\times100\%=\frac{h}{dM}\times100\% \tag{6-5}$$

式中　i——坡度；

h——两点间高差（m）；

D——两点间的水平距离（m）；

d——两点间的图上长度（m）；

M——比例尺分母。

例如图 6-4 中的 P、Q 两点，欲计算它们间的坡度，先计算 P、Q 两点间的高差为等距 1m（49m−48m=1m），再量出 P、Q 两点在图上的长度为 0.01m，即 P、Q 两点实际水平距离为 5m，（0.01m×500=5m），则 P、Q 两点间的坡度为

$$i_{AB}=\frac{1}{0.01\times1000}\times100\%=10\%$$

6. 按限制坡度选择最短路线

在道路、管线、渠道等工程规划设计时，常常有坡度要求，即要求线路在不超过某一限制坡度的条件下，选择一条最短路线或等坡度线。其原理如下：

计算出该路线经过相邻等高线之间的最小水平距离 d，即

$$d=\frac{h}{iM} \tag{6-6}$$

根据 d 在等高线之间选定若干路线，作为比较方案。在实际工作中，再综合考虑一些具体其他因素，最后选定一条路线。

【例 6-1】 如图 6-5 所示，试在 A、B 间选定一条满足坡度为 $i\leqslant 3.33\%$ 的最短路线。（比例尺分母 $M=1000$，等高距为 1m）

【解】 根据式（6-5），有 $\frac{h}{dM}\leqslant 0.0333$，则

$$d\geqslant\frac{h}{0.0333\cdot M}$$

故在相邻两根等高线之间的图上平距必须大于或等于$\frac{h}{0.0333\cdot M}$，最短路线为

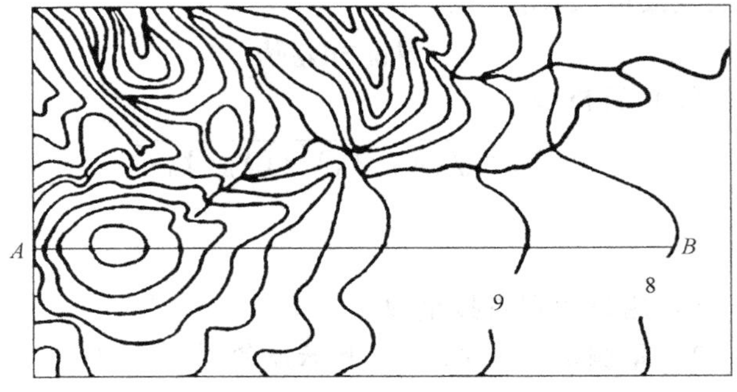

图 6-5　按坡度选择路线图

$$d=\frac{1}{0.0333\times 1000}=0.030\text{m}=30\text{mm}$$

7. 绘制已知方向的纵断面图

纵断面图是显示指定方向地面起伏变化的剖面图。在道路、管道的工程设计中，为进行填、挖土（石）方量的概算，或者合理确定线路的纵坡，需要较详细地了解沿线路方向上的地面起伏情况。

绘制方法：如图 6-6 所示，首先在图纸上绘出两条互相垂直的坐标轴。横坐标轴 D 表示水平距离，纵坐标轴 H 表示高程，高程比例尺一般比水平距离比例尺大十倍或二十倍。然后边量边绘各点在图上的位置，最后用圆滑的曲线连接各相邻点，即为所绘断面图。

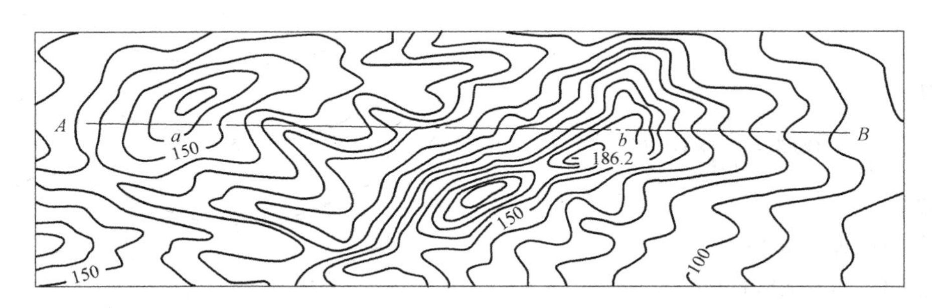

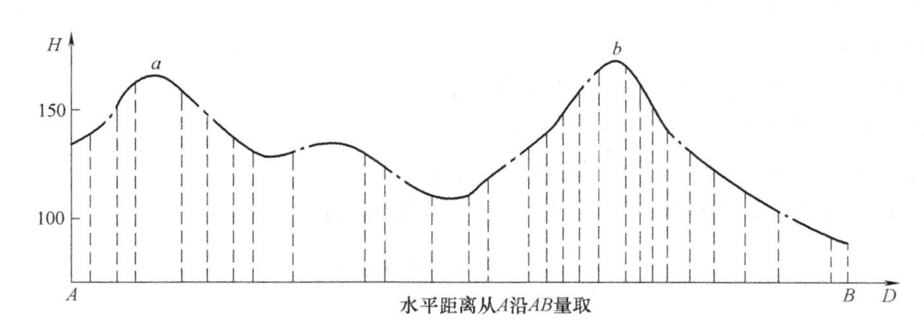

图 6-6　已知方向的纵断面图

8. 确定汇水面积

在山谷或河流处修建大坝，架设桥梁，必须知道有多大面积的雨水汇集在这里，即求汇水面积。汇

水面积是根据等高线的分水线确定的山脊线所围成的面积，如图 6-7 所示。面积的具体计算方法见下一节。

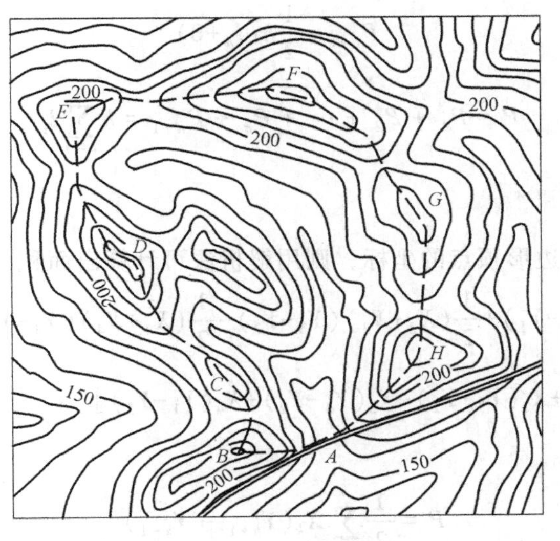

图 6-7 汇水面积

6.3 面积计算

6.3.1 图解法量测面积

1. 几何图形计算法

将平面图上描绘的区域分成三角形、梯形、平行四边形，用直尺量出面积的计算元素。

2. 透明方格纸法

将透明方格纸覆盖在图形上，数完整方格数和不完整的方格数，则面积为

$$P=\left(n_1+\frac{1}{2}n_2\right)\cdot s \tag{6-7}$$

式中 P——所求面积（m^2）；

s——小方格的面积（m^2）；

n_1——完整方格数；

n_2——不完整的方格数。

3. 平行线法

如图 6-8 所示，在透明纸上，画出间隔相等的平行线，使平行线与图形边缘相切，平行线截割面积可看成梯形，则

$$P_1=\frac{1}{2}\cdot h\cdot(0+l_1)$$

$$P_2=\frac{1}{2}h(l_1+l_2)$$

……

$$P_n = \frac{1}{2}h(l_{n-1}+l_n)$$

$$P_{n+1} = \frac{1}{2}h(l_n+0)$$

即

$$P = P_1 + P_2 + \cdots + P_n + P_{n+1} = h\sum_{i=1}^{n} l_i \tag{6-8}$$

6.3.2 用解析法计算面积

如图 6-9 所示，若已知多边形顶点的坐标，则用解析法可计算出面积，即

$$P = \frac{1}{2}(X_1+X_2)(Y_2-Y_1)+\frac{1}{2}(X_2+X_3)(Y_3-Y_2)-\frac{1}{2}(X_1+X_4)(Y_4-Y_1)-\frac{1}{2}(X_3+X_4)(Y_3-Y_4)$$

$$= \frac{1}{2}[X_1(Y_2-Y_4)+X_2(Y_3-Y_1)+X_3(Y_4-Y_2)+X_4(Y_1-Y_3)]$$

推得

$$P = \frac{1}{2}\sum_{k=1}^{n} X_k(Y_{k+1} - Y_{k-1}) \tag{6-9a}$$

$$P = \frac{1}{2}\sum_{k=1}^{n} Y_k(X_{k-1} - X_{k+1}) \tag{6-9b}$$

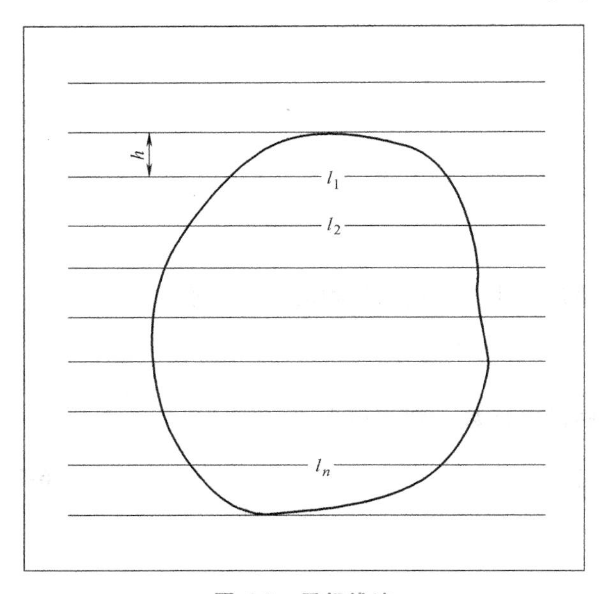

图 6-8 平行线法

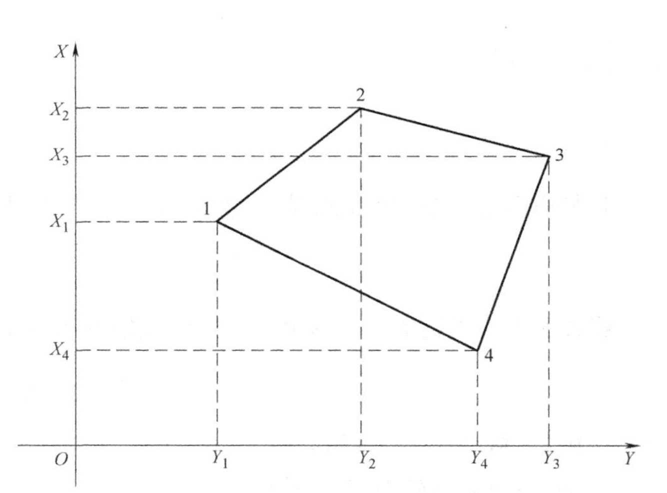

图 6-9 解析法计算面积

6.3.3 求积仪法计算面积

电子求积仪（图 6-10）可进行面积、点的坐标、周长等项目的量测。其使用方法如下：

1）在折线段，进入点方式，采集始终点，共 2 点。

2）在圆弧段，进入圆弧方式，采集始终点及圆弧上一点，共 3 点。

3）曲线段，进入连续跟踪进入方式，描绘曲线形状。

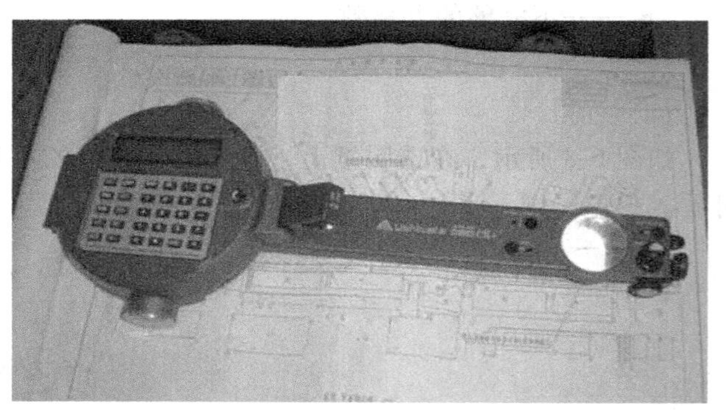
图 6-10 电子求积仪

单元7 点位测设基本工作及方法

[学习目标]

掌握已知水平距离，已知水平角、已知高程等点位测设基本工作；掌握园路主点、点的平面位置的测设方法。

如图7-1所示，园林建设项目建造，比如房屋建造、绿化施工、道路修建等现场点位测设，都需要懂得点位测设的工作和方法。

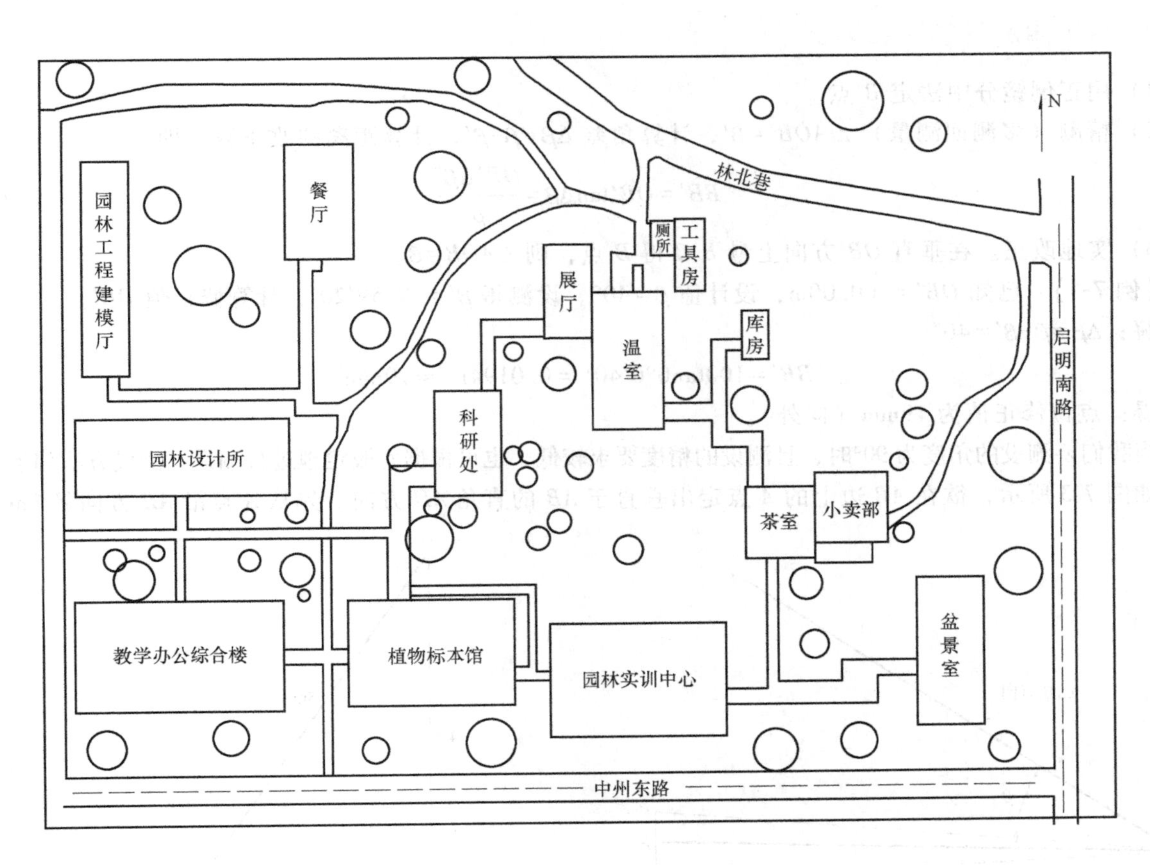

图7-1 现场点位测设例图

7.1 点位测设基本工作

7.1.1 水平角测设

水平角测设就是根据给定角的顶点和起始方向，将设计的水平角的另一方向标定出来。根据精度要求的不同，水平角测设有两种方法：一般方法和精密方法。

1. 水平角测设的一般方法

当水平角测设精度要求不高时，其测设步骤如下：

1）如图7-2所示，O为给定的角顶点，OA为已知方向，将经纬仪安置于O点，用盘左后视A点，并使水平度盘读数为0°00′00″。

2）顺时针转动照准部，使水平度盘读数准确定在要测设的水平角值β，在望远镜视准轴方向上标定一点B'。

3）松开照准部制动螺旋，倒镜，用盘右后视A点，并使水平度盘读数为0°00′00″，顺时针转动照准部，使水平度盘读数为β，同法在地面上定出B''点，并使$OB''=OB'$。

4）如果B'与B''重合，则$\angle AOB'$即为欲测设的β角；若B'与B''不重合，取$B'B''$连线的中点B，则$\angle AOB$为欲测设的β角。

此方法又称为正倒镜分中法。

2. 水平角测设的精密方法

1）用正倒镜分中法定B'点。

2）精测（多测回测量）$\angle AOB'=\beta'$，计算角差$\Delta\beta=\beta-\beta'$，计算距离的改正数，即

$$BB'=OB'\tan\Delta\beta=\frac{OB'\Delta\beta''}{\rho} \tag{7-1}$$

3）实地改正。在垂直OB'方向上量$B'B$得B点，则$\angle AOB=\beta$。

【例7-1】 已知$OB'=100.00\text{m}$，设计值$\beta=40°$，设测得$\beta'=39°59'20''$，计算修正值BB'。

解： $\Delta\beta=\beta-\beta'=40''$

$$BB'=100\tan0°0'40''=0.0194\text{m}\approx19\text{mm}$$

得：点位修正值为19mm（向外）。

当我们要测设的角度为90°时，且测设的精度要求较低，也可根据勾股定理进行测设。测设方法如下：

如图7-3所示，欲在AB边上的A点定出垂直于AB的直角AD方向。先从A点沿AB方向量3m得C

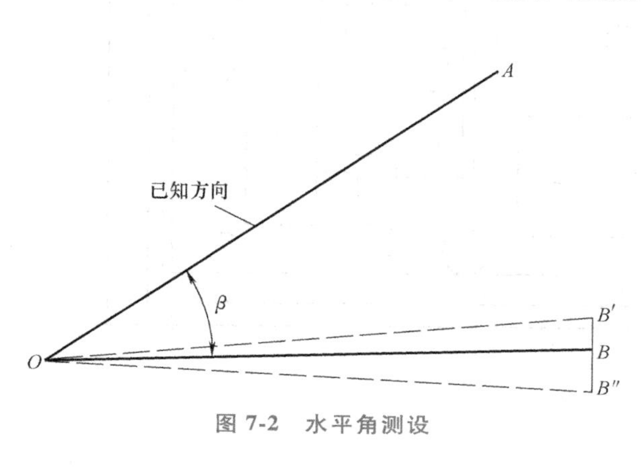

图7-2 水平角测设

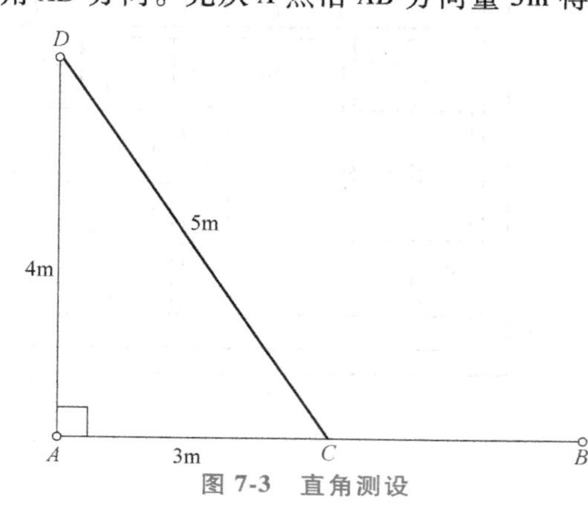

图7-3 直角测设

点，把一把卷尺的 5m 处置于 C 点，另一把卷尺的 4m 处置于 A 点，然后拉平拉紧两卷尺，使两卷尺在零点交叉，交叉处即为欲测设的 D 点，此时 $AD \perp AB$。

7.1.2　水平距离测设

测设水平距离就是根据给定直线的起点和方向，将设计的长度，即把直线的终点标定出来，其方法如下：

在一般情况下，可根据现场已定的起点 A 和方向线，将需要测设的直线长度 D'用钢尺量出，定出直线端点 B'。如测设的长度超过一个尺段长，仍应分段丈量。返测 $B'A$ 的距离，若较差（或相对误差）在容许范围内，取往返丈量结果的平均值作为 AB'的距离，并调整端点位置 B'至 B，并使 $BB'=D'-D_{AB'}$。当 $B'B>0$ 时，B'往前移动；反之，往后移。水平距离测设如图 7-4 所示。

当精度要求较高时，必须用经纬仪进行直线定线，并对距离进行尺长，且要进行尺长、温度和倾斜改正。

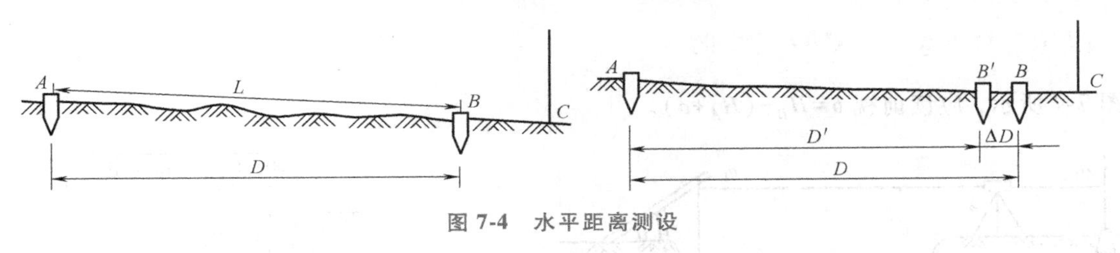

图 7-4　水平距离测设

7.1.3　高程测设

根据某水准点（或已知高程的点）测设一个点，使其高程为已知值。其方法如下：

1. h_{AB}较小时，$|h|<6$m

如图 7-5 所示，A 为水准点（或已知高程的点），需在 B 点处测设一点，使其高程 h_B 为设计高程。则：安置水准仪于 A、B 的等距离处，整平仪器后，后视 A 点上的水准尺，得水准尺读数为 a。

在 B 点处钉一大木桩（或利用 B 点处牢靠物体），转动水准仪的望远镜，前视 B 点上的水准尺，使尺缓缓上下移动，当尺读数 $b=h_A+a-h_B$ 时，尺底的高程即为设计高程 h_B，用笔沿尺底画线标出。

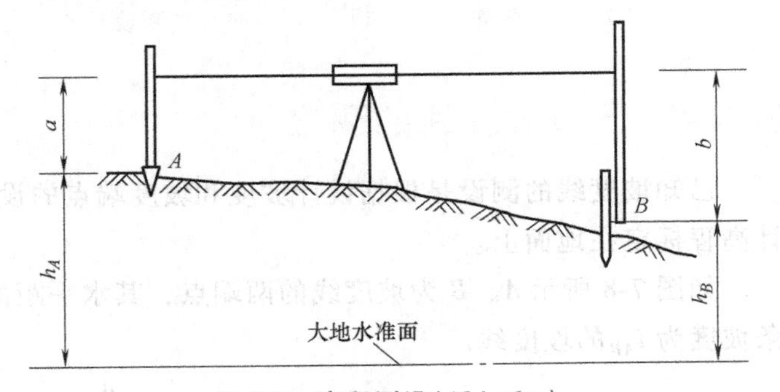

图 7-5　高程测设（$|h|<6$m）

施测时，若前视读数大于 b，说明尺底高程低于欲测设的设计高程，应将水准尺慢慢提高至符合要求为止；反之应降低尺底。

在施工过程中，常需要同时测设多个同一高程的点，即抄平工作，为提高工作效率，应将水准仪精密整平，然后逐点测设。

现场施工测量人员多习惯用小木杆代替水准尺进行抄平工作，此时需由观测者指挥 A 点上的后尺手，用铅笔尖在木杆面上移动，当铅笔尖恰在视线上时（水准仪同样需要精平），观测者喊“好”，后尺手就据此在杆面上画一横线，此横线距杆底的距离即为后视读数 a，则仪器视线高为 $h=h_A+a$。

由杆底端向上量出应读的前视读数 $b=h-h_B=h_A-h_B+a$。

据 b 值在杆上画出第二根铅笔线。此后再由观测者指挥立杆人员在 B 点处上下移动小木杆，当水准仪十字丝恰好对准小木杆上第二道铅笔线时，观测者喊“好”，此时前尺的助手在小木杆底端平齐处画线标记，此线即为设计高程 h_B。

用小木杆代替水准尺进行抄平，工具简单、方便易行，但须注意小木杆上下头需有明显标记，避免倒立。在进行下一次测量之前，必须清除小木杆上的标记，以免用错。

2. 当 $|h_{AB}|>6m$ 时，向坑内测设

如图 7-6 所示，测设方法如下：

1）坑边悬挂钢尺

2）坑上置水准仪，求得 $H_0=H_A+a_1-b_1$。

3）水准仪搬到坑底，通过 H_B求 b_2，即

$$H_B=H_0+a_2-b_2=H_A+a_1-b_1+a_2-b_2$$

则应读前视 b_2为

$$b_2=H_A+a_1-b_1+a_2-H_B$$

4）实地定 B 点高程位置。

3. 当 $|h_{AB}|>6m$，且 B 点较高时

如图 7-7 所示，应读前视 $b=H_B-(H_A+a)$。

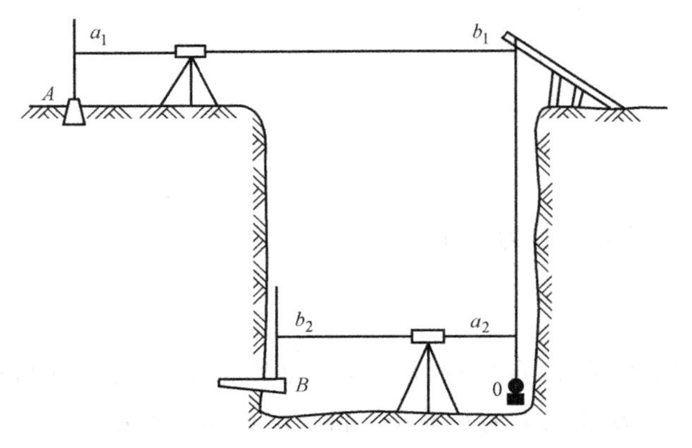

图 7-6　高程测设（$|h|>6m$，向坑内测设）

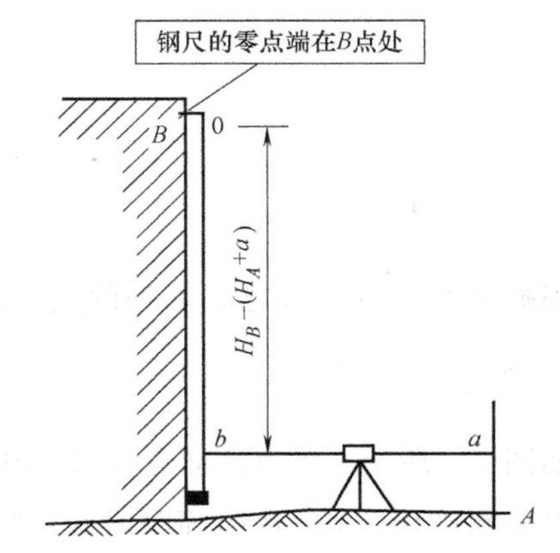

图 7-7　高程测设（$|h|>6m$，且 B 点较高）

7.1.4　已知坡度线的测设

已知坡度线的测设是根据设计坡度和坡度端点的设计高程，用水准测量的方法将坡度线上各点的设计高程标定在地面上。

如图 7-8 所示 A、B 为坡度线的两端点，其水平距离为 D，设 A 点的高程为 H_A，要沿 AB 方向测设一条坡度为 i_{AB}的坡度线。

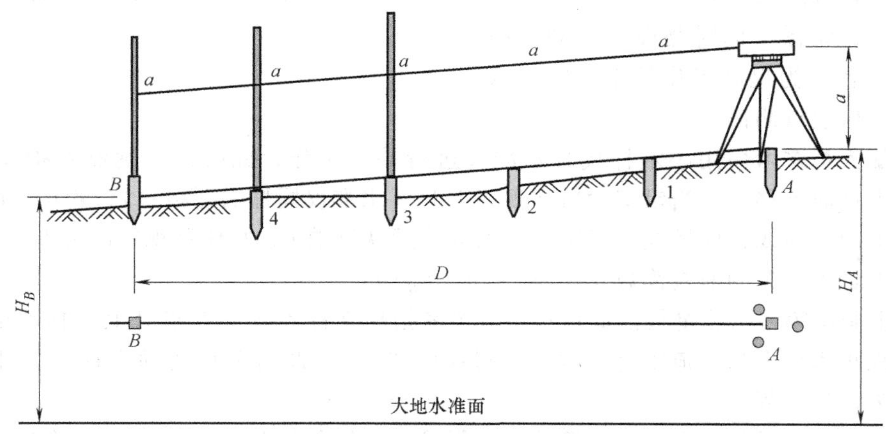

图 7-8　已知坡度线的测设

根据 A 点的高程，坡度 i_{AB} 和 A、B 两点间的水平距离 D，计算出 B 点的设计高程，即

$$H_B = H_A + i_{AB} D$$

按测设已知高程的方法，在 B 点处将设计高程 H_B 测设于 B 桩顶上，此时，AB 直线即构成坡度为 i_{AB} 的坡度线。

将水准仪安置在 A 点上，使基座上的一个脚螺旋在 AB 方向线上，其余两个脚螺旋的连线与 AB 方向垂直。量取仪器高度 a，用望远镜瞄准 B 点的水准尺，转动在 AB 方向上的脚螺旋或微倾螺旋，使十字丝中丝对准 B 点水准尺上等于仪器高的读数 a，此时，仪器的视线与设计坡度线平行。

在 AB 方向线上测设中间点，分别在 1、2、3……处打下木桩，使各木桩上水准尺的读数均为仪器高 a，这样各桩顶的连线就是欲测设的坡度线。

如果设计坡度较大，超出水准仪脚螺旋所能调节的范围，则可用经纬仪测设，其测设方法相同。

7.1.5　单圆曲线主点的测设

1. 主点测设要素

如图 7-9 所示，α，R 已知，则有

切线长　　$T = R\tan\dfrac{\alpha}{2}$

曲线长　　$L = R\alpha\dfrac{\pi}{180°}$

外矢距　　$E = R\left(\sec\dfrac{\alpha}{2} - 1\right)$

切曲差　　$D = 2T - L$

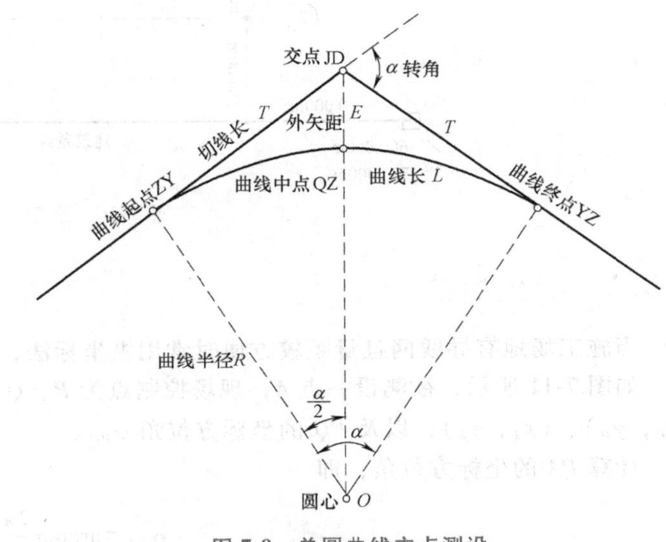

图 7-9　单圆曲线主点测设

2. 主点桩号计算

$$\text{ZY 桩号} = \text{JD 桩号} - T$$

$$\text{QZ 桩号} = \text{ZY 桩号} + \frac{L}{2}$$

$$\text{YZ 桩号} = \text{QZ 桩号} + \frac{L}{2}$$

$$\text{JD 桩号} = \text{QZ 桩号} + \frac{D}{2} \quad \text{（校核）}$$

3. 主点测设

1）由交点沿后直线方向量切线长 T，打桩，得 ZY 点。

2）由交点沿前直线方向量切线长 T，得 YZ 点。

3）沿分角方向线向外量外矢距 E，得 QZ 点。

7.2　点位测设的基本方法

7.2.1　直角坐标法

直角坐标法适用于有建筑基线或建筑方格网时，具体方法如下：

1）如图 7-10 所示，欲测设点Ⅰ、Ⅱ、Ⅲ、Ⅳ，现场控制点为 A、B。在总平面图上查得 A、B 两点的坐标值分别为（X_B，Y_B）、（X_A，Y_A），以及Ⅱ、Ⅲ的坐标（$X_{Ⅱ}$，$Y_{Ⅱ}$）、（$X_{Ⅲ}$、$Y_{Ⅲ}$）。

2）根据坐标计算水平距离。

3）置经纬仪于 A 点，在 AB 方向线上，测设距离 60m，在 60 m 处安经纬仪，瞄 A 点，拨角 90°，测设 50m，得Ⅱ点位置。同理可得其他点位置。

4）检验Ⅰ、Ⅱ、Ⅲ、Ⅳ四点间的夹角及长度是否符合要求。

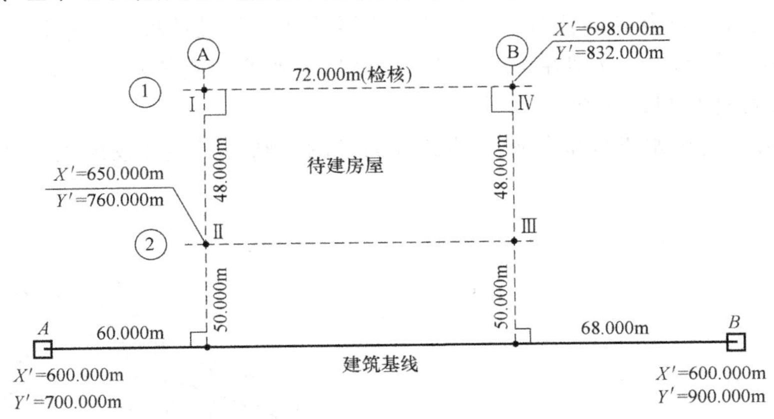

图 7-10　直角坐标法

7.2.2　极坐标法

当施工场地有导线网且量距较方便时常用极坐标法，其步骤如下：

如图 7-11 所示，欲测设一点 A，现场控制点为 P、Q。在总平面图上查得 P、A 两点的坐标值分别为（x_P，y_P）、（x_A，y_A），以及 PQ 的坐标方位角 α_{PQ}。

计算 PA 的坐标方位角，即

$$\alpha_{PA}=\arctan\frac{y_A-y_P}{x_A-x_P}$$

计算 PA 与 PQ 的夹角 β，即

$$\beta=\alpha_{PQ}-\alpha_{PA}$$

计算 PA 的水平距离，即

$$d'_{PA}=\sqrt{(x_A-x_P)^2+(y_A-y_P)^2}$$

当精度要求较低时，上述的 β、d_{PA} 可以在图上直接量取。

置经纬仪于 P 点，运用测设水平角方法使 $\angle APQ=\beta$，在 PA 方向线上，测设距离 $PA=d_{PA}$，则 A 点即为欲测设的点。

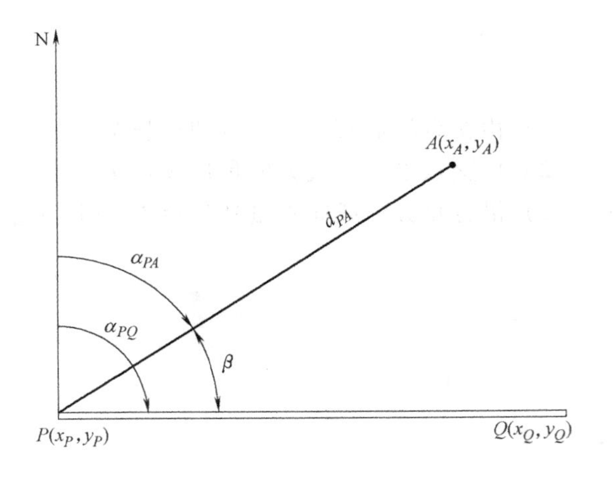

图 7-11　极坐标法

7.2.3　角度交会法

当现场量距不便或待测点远离控制点时，可采用角度交会法，其步骤如下：

如图 7-12 所示，欲测设 A 点，P、Q 为现场控制点，根据 A、P、Q 点的坐标值可计算 PA 与 PQ、QA 与 QP 的夹角 β_1、β_2。

两架经纬仪分别置于 P、Q 两点，各测设 $\angle APQ=\beta_1$、$\angle AQP=\beta_2$。

指挥一人持一测钎，在两点方向线交会处移动，当两经纬仪同时看到测钎尖端，且均位于两经纬仪十字丝纵丝上时，测钎位置即为欲测设的点。

7.2.4　支距法

当欲测设的点位位于基线或某一已知线段附近，且测设点位精度要求较低时，可采用支距法，其步骤如下：

如图 7-13 所示，欲测设点 P 在已知线段 AB 附近，在图上过 P 点作 AB 的垂线 PP_1，量取距离 d_1' 和 d_2'。

在现场找到 A、B 两点，从 A 点沿 AB 方向线测设水平距离 d_1' 得 P_1 点，过 P_1 点测设 AB 的垂直方向并在其方向线上从 P_1 测设水平距离 d_2' 得 P 点，P 点即为欲测设的点位。

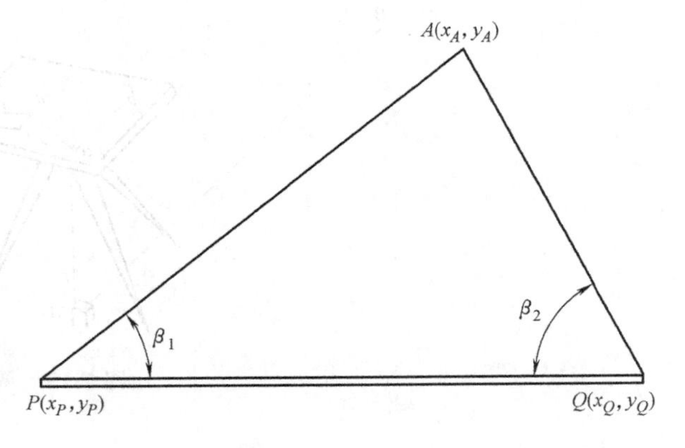

图 7-12　角度交会法

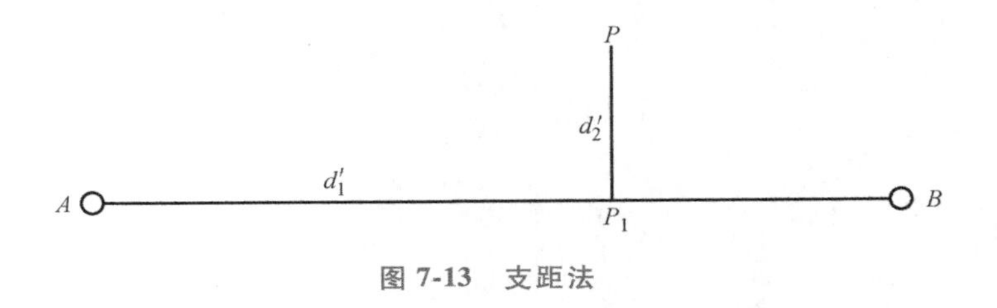

图 7-13　支距法

7.2.5　距离交会法

当欲测设的点靠近控制点，量距又较方便，测设精度要求较低时，可用距离交会法测设点位，其步骤如下：

如图 7-14 所示，欲测设一点 A，现场控制点为 P、Q，根据 A、P、Q 点坐标值分别求出 PA 及 QA 的水平距离 d_{PA}' 和 d_{QA}'。

以 P、Q 两点为圆心，d_{PA}' 及 d_{QA}' 为半径，分别在地面上画弧，并在两弧交点处打木桩，然后再在桩顶交会，所得的点即为欲测设的 A 点。

7.2.6　平板仪放射法

如图 7-15 所示，A、B 为地面控制点，a、b 为 A、B 在设计平面图上的相应点，欲将图上一绿地的特征点 m、n、p、q 测设在实地上，则：在 A 点安置平板仪（对中、整平、定向），分别在图上量取 a 至 m、n、p、q 的实地距离 AM、AN、AP、AQ。

用照准仪直尺边切准图上 am 线并沿照准仪方向丈量出 AM 长度，打桩定出实地 M 点；同法定出实地 N、P、Q 点。

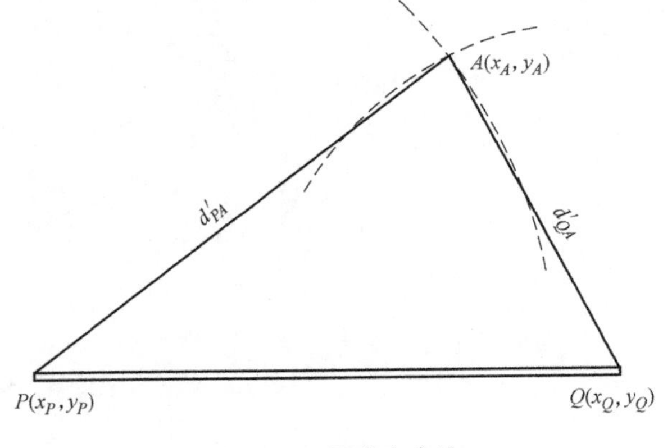

图 7-14　距离交会法

M、N、P、Q 定出后，应用卷尺进行校核。校核时，以图上设计的长度和几何条件为准，误差较大时应查明原因重测，误差较小时应做适当调整。至此，完成该绿地平面位置的测设工作。

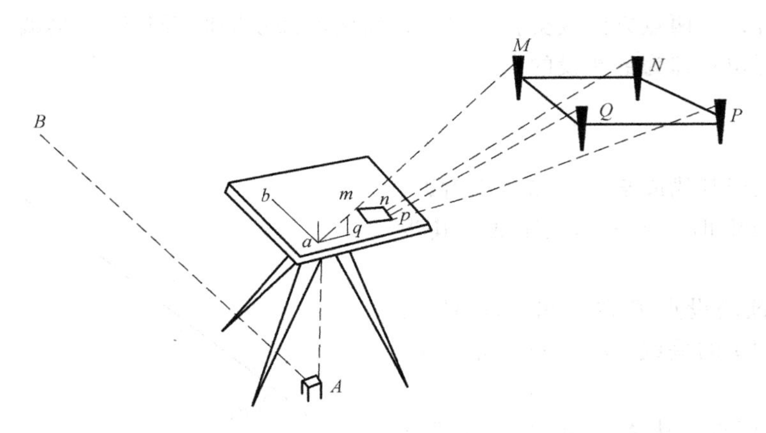

图 7-15　平板仪放射法

单元8　园林工程测量

[学习目标]

初步掌握园林场地平整的方法，理解园林工程测量在园林建筑和其他园林工程施工放样中的应用。

如图8-1所示，园林工程项目建设中包含假山、水池、园林建筑、园路、植物等工程，这些工程建设施工必须要进行园林工程测量放线。

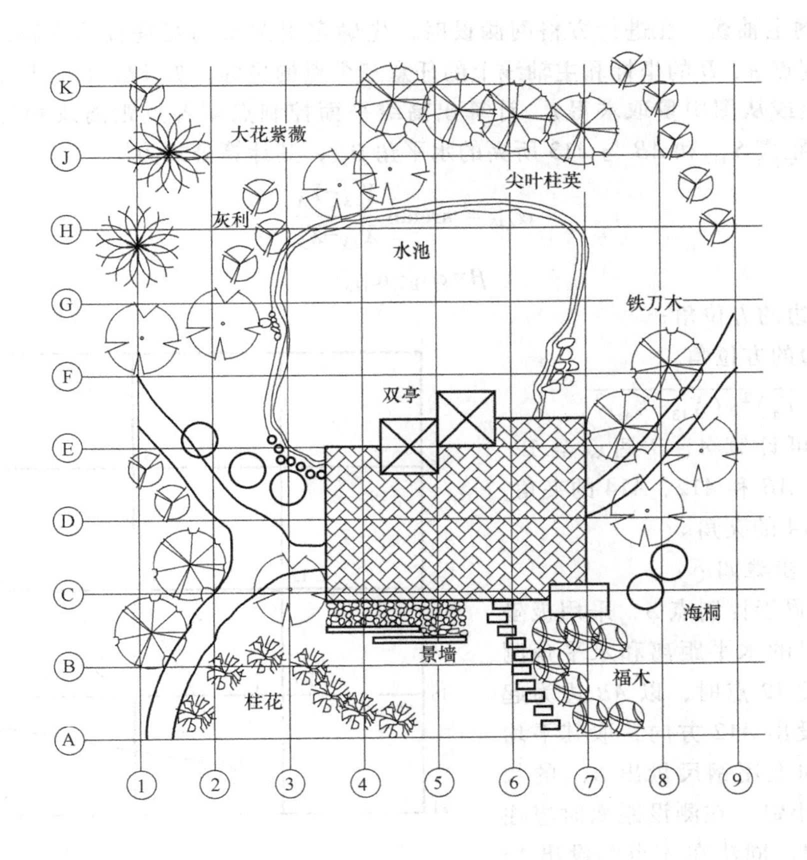

图8-1　园林工程测量例图

8.1 概　述

园林工程测量按工程的施工程序，一般分为规划设计前的测量、规划设计测量、施工放线测量和竣工测量四个阶段进行。

8.1.1 规划设计前的测量

首先进行控制测量，其内容分为平面控制和高程控制两大部分。

在施工现场仍保存着过去测绘地形图的测量控制点，在施工测量中仍可利用。过去的测量控制点已破坏、丢失时，必须重新进行控制测量工作。其具体布设和内外业工作除可按前面学过的知识进行外，还可按方格法建立施工控制网。

方格网的建立应掌握以下原则：

1）方格网方向的确定应与设计平面的方向一致，或与南北东西方向一致。

2）方格网的每个格的边长一般为20~40m。可根据测设对象的繁简程度适当缩短或加长。

3）在设计方格网时，应力求使方格角点与所测设对象接近。

4）方格网点间应保证良好的通视条件，并力求使各角点避开原有建筑、坑塘及动土地带。

5）各方格折角应严格成90°角。

6）方格网主轴线的测设应采用较高精度的方法进行，以保证整个控制网的精度。

1. 根据高一级平面控制点进行测设

（1）测设方格网主轴线　在进行方格网测设时，先确定出两条相互垂直的主轴线，如图8-2所示。根据高一级平面控制点A、B的坐标和主轴线上的任意三个点的坐标，如12、13、14点的坐标（此三点坐标可依据设计规定或从图中量取求得），计算出高级平面控制点至各点距离及相应的水平角。例如，计算A点至13点的距离S_{A13}和AB与$A13$所夹的水平角β_{13}，其计算公式为

$$\alpha_{A13}=\arctan\frac{Y_{13}-Y_{A}}{X_{13}-X_{A}}$$

$$\beta=\alpha_{AB}-\alpha_{A13}$$

式中　α_{A13}——$A13$边的方位角；

α_{AB}——AB边的方位角。

$$S_{A13}=\sqrt{(Y_{13}-Y_{A})^{2}+(X_{13}-X_{A})^{2}}$$

按上述公式也可计算A、B两点至12、13、14各点的平距，AB和$A12$、$A14$的夹角，BA和$B12$、$B13$、$B14$的夹角。

然后进行测设，步骤如下：

1）将经纬仪安置于控制点A，采用极坐标法，根据已计算出的水平距离和水平角测设上述三点。如测设12点时，以AB边为起始边，用测回法测设出$A12$方向，取其平均方向，然后在此方向上用钢尺量出S_{A12}的长度，定出12点并钉小钉。在测设距离时应往返两次取其平均位置。同法在A点测设出13和14两点。

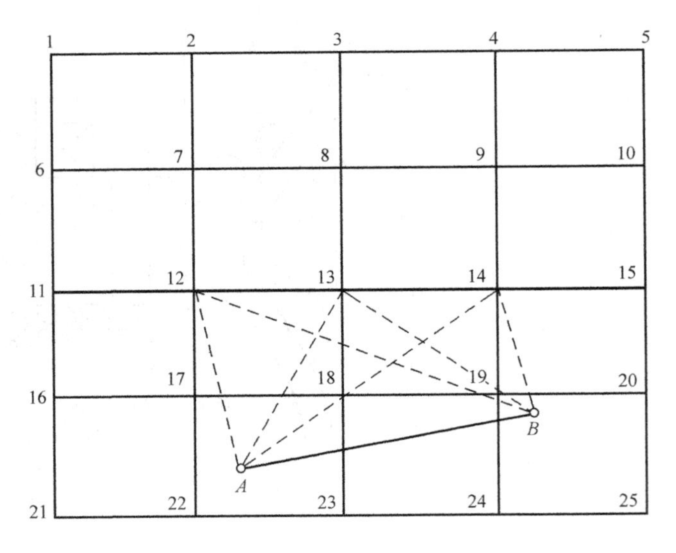

图8-2　方格网主轴线测设

2）将经纬仪安置于平面控制点 B 点，依据已计算出的有关距离和角度，检验上述 12、13 和 14 各点位，如果偏差过大应查找原因，重新测设。

3）对已测设于地面上的 12、13 和 14 三点进行检查。一是实量各点间距离并与设计长度比较，二是用仪器检查此三点是否位于同一直线，如有误差，应做适当的调整，务必使其间距与设计长度一致，且三点位于同一直线上。

4）将经纬仪置于 13 点上，采用延长直线的方法，用钢尺测出 11 点和 15 点。

5）在 13 点上利用经纬仪以 12—13 的方向为始边，测设出两个直角，得出与 12、13 相垂直的方向，即 13—3、13—23 两个方向，并在该方向上测设出 3、8、18 和 23 等各点。

通过以上步骤，此方格的主轴线测设即告完成。

（2）方格网其他各点的测设　主轴线上各点测设完成后，在主轴线各点上，如 11、12、14 和 15 几点上，分别安置经纬仪测设出其他各点，然后对各新的点，用钢尺按设计距离进行校核，误差较大的应检查原因，误差小的应做适当调整，从而得出一个完整的方格网。

方格网上各点均应打桩钉钉，准确标明点位。而且桩一定要牢固，必要时应埋设石桩，以防施工中被碰动或损坏。

2. 根据原有地物测设方格网

当施工现场存有建筑或其他具有方位意义的地物而无测量控制点时，可根据这些地物测设出方格网。

首先将主轴线测设出来。如图 8-3 所示，A 和 B 为施工现场的两个原有建筑。自 A 建筑的角 a 和 b 作相等的两条延长线，得 M 和 N 两点。再从 B 建筑的房角 c、d 两点作出相等的两延长线，得 G 和 H 两点。分别作 MN 及 GH 的延长线，并使两线相交得出 O 点。将经纬仪安置于 O 点，根据 MN 和 GH 两方向及方格尺寸定出两个方格点 P 和 Q。然后测出 $\angle POQ$ 的值。若此值不为 90°则需校正。此时 O 点位置不变，将两方向各改正角度差值的一半，从而定出 P 和 Q 的正确位置。根据 OP 及 OQ 的改正后方向，再定出另外两方向，即 OE 和 OF，至此主轴线测设完成。依主轴线进一步定出整个方格网，其方法与前述相同。

3. 方格网点高程测量

在方格网内选择一些方格网点作为高程控制点，构成一闭合水准路线，如图 8-4 所示，进行外业观测、内业计算，求各方格点的高程。

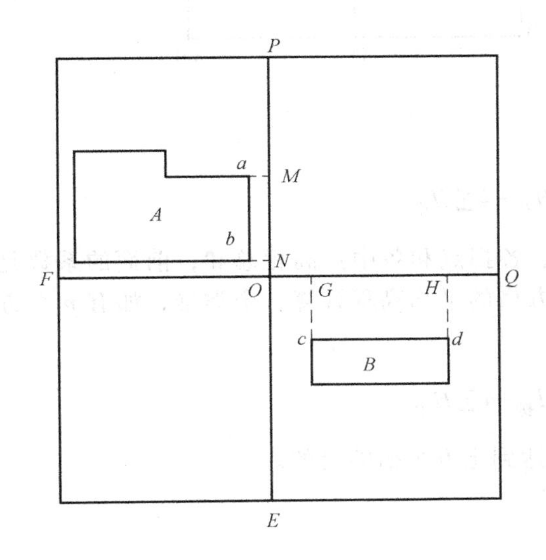

图 8-3　根据原有地物测设方格网

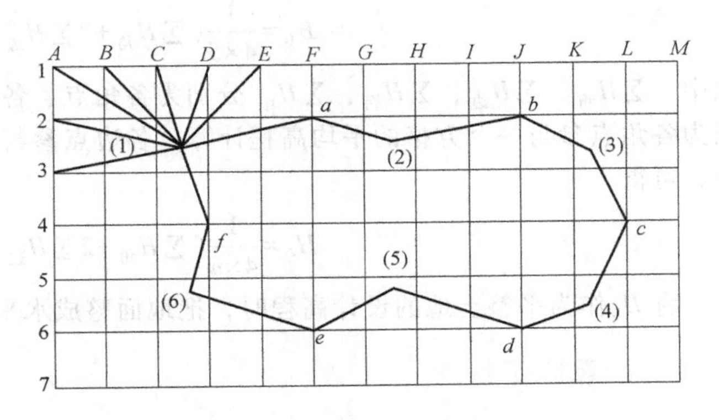

图 8-4　方格网点高程测量

8.1.2 规划设计测量

测绘符合各单项工程特点的工程专用图、带状地形图、纵横断面图，以及进行以提供依据为目的的有关调查测量等。

8.1.3 施工放线测量

施工放线测量是根据设计和施工的要求，建立施工控制网并将图上的设计内容测设到实地上，作为施工的依据。

8.1.4 竣工测量

竣工测量是为工程质量检查和验收提供依据，也是工程运行管理阶段和以后扩建的依据。

8.2 园林场地平整测量

场地平整测量常采用方格水准法。根据场地平整的要求不同，可以把场地整成水平或有一定坡度的地面。

8.2.1 整成水平地面

1. 计算设计高程

如图 8-5 所示，桩号（1）、（10）、（11）、（9）、（3）各点为角点，（4）、（7）、（6）、（2）为边点，（8）为拐点，（5）为中点；如果已求得各桩点的地面高程为 H_i（$i=1, 2, \cdots, 11$），则设计高程可按下式计算：

设各个方格的平均高程为 $\overline{H}_i$（$i=1, 2, \cdots, 5$），则

$$\overline{H}_1=\frac{1}{4}(H_1+H_4+H_5+H_2)$$

$$\overline{H}_2=\frac{1}{4}(H_2+H_5+H_6+H_3)$$

$$\overline{H}_5=\frac{1}{4}(H_7+H_{10}+H_{11}+H_8)$$

……

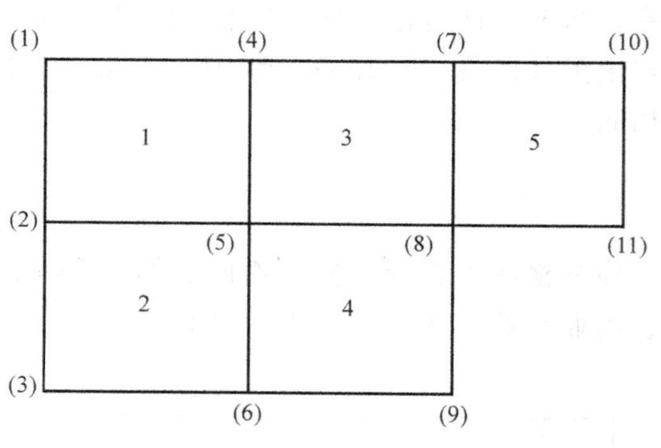

图 8-5 平整水平地面

地面设计高程

$$H_0=\frac{1}{4\times5}(\sum H_{角}+2\sum H_{边}+3\sum H_{拐}+4\sum H_{中})$$

式中，$\sum H_{角}$、$\sum H_{边}$、$\sum H_{拐}$、$\sum H_{中}$ 分别为各角点、各边点、各拐点和各中点高程总和，前面的系数是因为各角点参与一个方格的平均高程计算，各边点参与两个方格的平均高程计算，余类推，如有 n 个方格，可得

$$H_0=\frac{1}{4\times n}(\sum H_{角}+2\sum H_{边}+3\sum H_{拐}+4\sum H_{中})$$

将 H_0 作为平整土地的设计高程时，把地面整成水平，能达到土方平衡的目的。

2. 计算施工量

各桩点的施工量为

施工量=桩点地面高程-设计高程

3. 计算土方

先在方格网上绘出施工界限，即决定开挖线。开挖线是将方格上施工量为零的各点连接而成的。零点位置可目估测定，也可按比例计算确定。

定出零点后，挖、填方量 $V_{挖}$、$V_{填}$ 可按下式计算土方：

$$V_{挖}=A\,\overline{h}_{挖}$$

$$V_{填}=A\,\overline{h}_{填}$$

式中　$\overline{h}_{挖}$——挖方平均高度（m）；

$\overline{h}_{填}$——挖方平均高度（m）；

A——挖（填）方面积（m^2）。

8.2.2　平整成具有一定坡度的地面

一般场地按地形现况整成一个或几个有一定坡度的斜平面。横向坡度一般为零；如有坡度，则以不超过纵坡（水流方向）的一半为宜。纵、横坡度一般不宜超过 1/200，否则会造成水土流失。具体设计步骤如下：

（1）计算平均高程　公式为

$$H_0=\frac{1}{4\times N}(\sum H_{角}+2\sum H_{边}+3\sum H_{拐}+4\sum H_{中})$$

（2）纵、横坡的设计　按照施工技术要求和规范，根据园林设计方案设计出纵、横坡度，为园林工程测量提供依据和参考。

（3）计算各桩点的设计高程　首先选零点，其位置一般选在地块中央的桩点上，并以地面的平均高程 H_0 为零点的设计高程。根据纵、横向坡降值计算各桩点高程，然后计算各桩点施工量，画出开挖线，计算土方。

（4）土方平衡验算　如果零点位置选择不当，将影响土方的平衡，一般当填、挖方绝对值差超过填、挖方绝对值平均数的 10%时，需重新调整设计高程。验算方法如下：保证 $V_{挖}$、$V_{填}$ 绝对值相等、符号相反，即

$$(\sum h_{角填}+\sum h_{角挖})+(\sum h_{边填}+\sum h_{边挖})+(\sum h_{拐填}+\sum h_{拐挖})+(\sum h_{中填}+\sum h_{中挖})=0$$

（5）调整方法

设计高程改正数=(总挖土量+总填土量)÷地块总面积

为了便于现场施工，最好再算出各个方格的土方量，画出施工图，在图上标出运土方案。

8.3　园林建筑施工测量

8.3.1　园林建筑物的定位

园林建筑物的定位，就是将建筑物外廓的各轴线交点（简称角桩），测设到地面上，作为基础放样和主轴线放样的依据。根据现场定位条件的不同，可选择以下方法。

1. 利用“建筑红线”定位

在施工现场有规划管理部门设定的“建筑红线”时，可依据此“红线”与建筑物的位置关系进行测设。如图 8-6 所示，AB 为“建筑红线”，新建筑物茶道室的定位方法如下：

1）从平面图上，查得茶道室轴线 MP 的延长线上的点 P' 与 A 间的距离 AP'、茶室的长度 PQ 及宽度 PM。

2）在桩点 A 安置经纬仪，照准 B 点，在该方向上用钢尺量出 AP' 和 AQ' 的距离，定出 P'、Q' 两点。

3）将经纬仪分别安置在 P' 和 Q' 两点，以 AB 方向为起始方向精确测设 90°角，得出 $P'M$ 和 $Q'N$ 两方向，并分别在这两个方向上用钢尺量出 $P'P$、PM 和 $Q'Q$、QN 的距离，分别定出 P、M、Q、N 各点。

4）用经纬仪检查 $\angle MPQ$ 和 $\angle NQP$ 是否为 90°，用钢尺检验 PQ 和 MN 的距离是否等于设计的尺寸。若角度误差在 1′以内，距离误差在 1/2000 以内，可根据现场情况进行调整，否则，应重新测设。

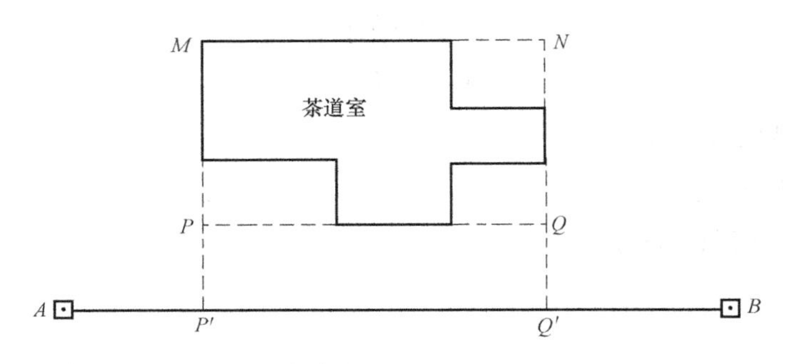

图 8-6　建筑红线定位

2. 依据与原建筑物的关系定位

在规划范围内若保留有原有的建筑物或道路，当测设精度要求不高时，拟建建筑物也可根据它与已有建筑物的位置关系来定位。图 8-7~图 8-10 所示为几种情况的位置关系（图中画阴影部分为拟建建筑物，未画阴影部分为已有建筑物），现分别说明如下：

1）图 8-7 所示为拟建建筑物与已有建筑物的长边平行的情况。测设时，先用细线绳沿着已有的建筑物的两端墙皮 CA 和 DB 延长出相同的一段距离（如 2m）得 A'、B' 两点；分别在 A'、B' 两点安置经纬仪，以 $A'B'$ 或 $B'A'$ 为起始方向，测设出 90°角方向，在其方向上用钢尺丈量设置 M、P 和 N、Q 四大角的角点；定位后，对角度（经纬仪测回法）和长度（钢尺丈量）进行检查，与设计值相比较，角度误差不超过 1′，长度误差不超过 1/2000。

2）图 8-8 所示为拟建建筑物与已有建筑物长边互相垂直的情况。定位时按图 8-7 所示的测设 M 的方法测设出 P' 点；安置经纬仪于 P' 点测设 $P'A'$ 的垂线方向，在其方向上用钢尺丈量定出 P、Q 两个角点；分别在 P、Q 两点安置经纬仪，以 PP' 和 QP' 为起始方向，测设出 90°角方向，在其方向线上用钢尺丈量 PM 和 QN 的长度，即得 M、N 两个角点；最后进行角度和长度校核，方法和精度标准同上。

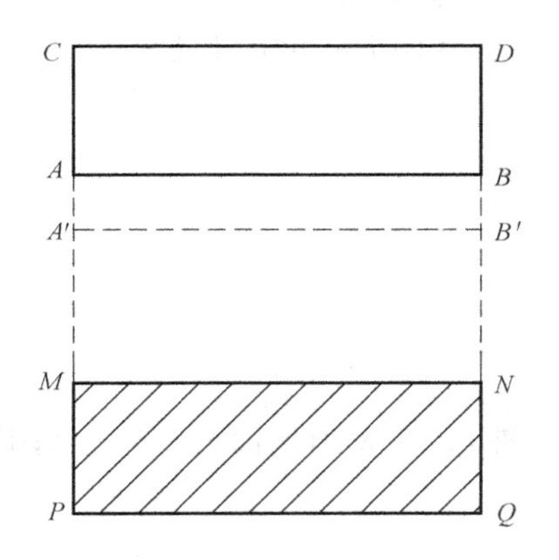

图 8-7　拟建建筑物与已有建筑物的长边平行

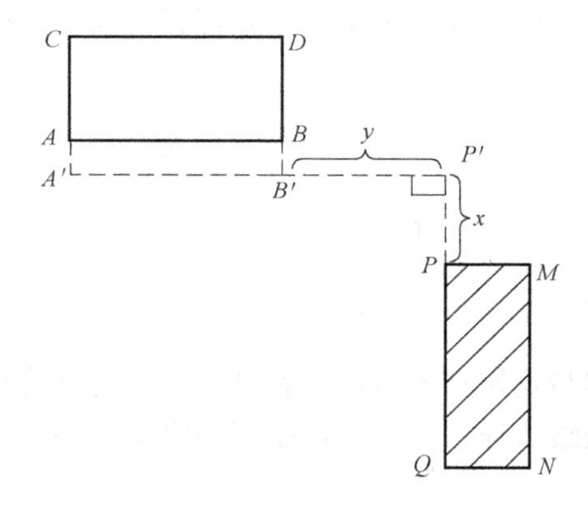

图 8-8　拟建建筑物与已有建筑物长边互相垂直

3）图 8-9 所示为拟建建筑物与已有建筑物在一条直线上的情况。按上法用细线绳测设出 A'、B' 两点，在 B' 点安置经纬仪，用正倒镜法延长 $A'B'$，在延长线方向上用钢尺丈量设置 M' 和 N' 点；将经纬仪

分别安置在 M' 和 N' 两点上，以 $M'A'$ 和 $N'A'$ 为起始方向，测设出 90°角方向，在其方向线上用钢尺丈量定出 M、P 和 N、Q 四大角的角点；最后校核角度和长度，方法和精度标准同上。

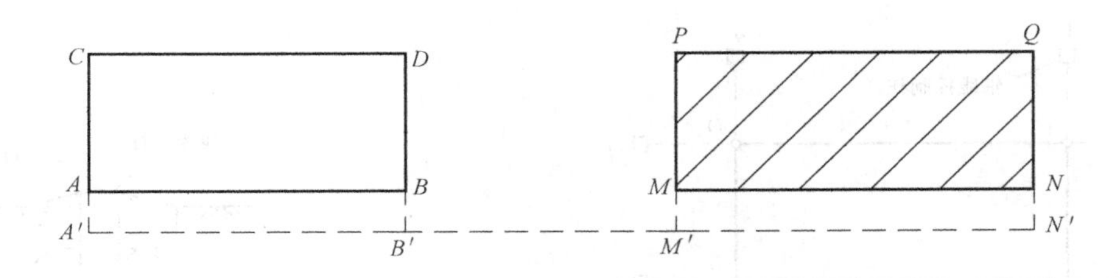

图 8-9　拟建建筑物与已有建筑物在一条直线上

4）图 8-10 所示为拟建建筑物的轴线平行于道路中心的情况。定位时先找出路中线 DB，在中线上用钢尺丈量定出 E'、F' 两点；分别在 E'、F' 上安置经纬仪，以 $E'D$ 和 $F'D$ 为起始方向，测设出 90°角方向，在其方向线上用钢尺丈量定出 E、G 和 F、H 四大角的角点，最后同法进行角度和长度校核。

若施工现场布有建筑方格网，还可用直角坐标法进行定位。

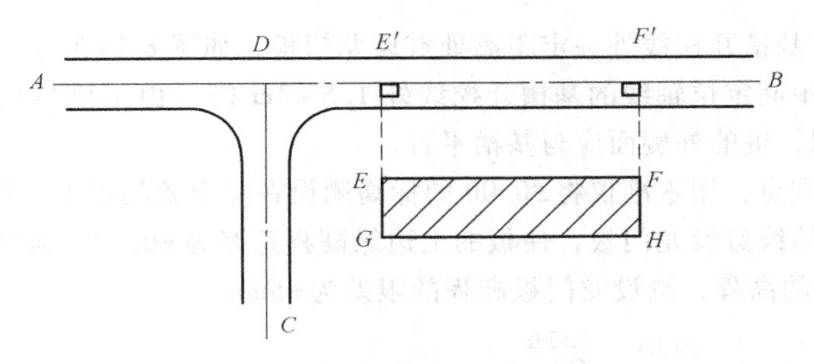

图 8-10　拟建建筑物的轴线平行于道路中心

8.3.2　园林建筑主轴线的测设

根据已定位的建筑物外廓各轴线角桩，如图 8-10中的 E、F、G、H，详细测设出建筑物内各轴线的交点桩（也称中心桩）的位置，如图 8-11 中 A、A'、B、B'、1、1′等。测设时，应用经纬仪定线，用钢尺量出相邻两轴线间距离（钢尺零点端始终在同一点上），量距精度不小于 1/2000。如测设 GH 上的 1、2、3、4、5 各点，可把经纬仪安置在 G 点，瞄准 H 点，把钢尺零点位置对准 G 点，沿望远镜视准轴方向分别量取 G—1、G—2、G—3、G—4、G—5 的长度，打下木桩，并在桩顶用小钉准确定位。

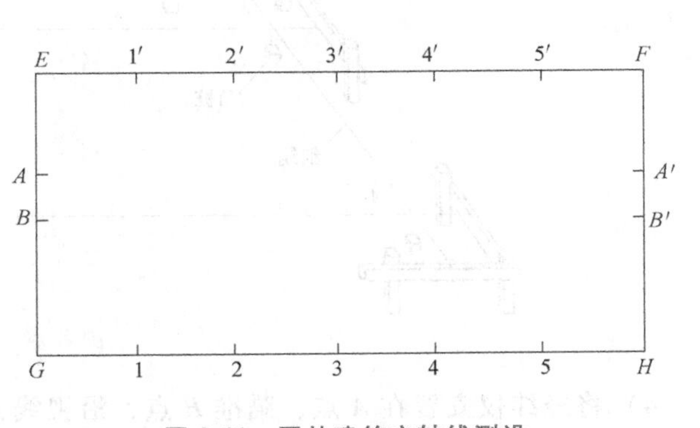

图 8-11　园林建筑主轴线测设

建筑物各轴线的交点桩测设后，根据交点桩位置和建筑物基础的宽度、深度及边坡，用白灰撒出基槽开挖边界线。

基槽开挖后，由于角桩和交点桩将被挖掉，为了便于在施工中恢复各轴线位置，应把各轴线延长到槽外安全地点，并做好标志，其方法有设置轴线控制桩和龙门板两种形式。

1. 测设轴线控制桩

轴线控制桩也称引桩，其测设方法简述如下：如图 8-12 所示，将经纬仪安置在角桩或交点桩（如 C 点）上，瞄准另一对应的角桩或交点桩，沿视线方向用钢尺向基槽外侧量取 2～4m，打下木桩，并在桩顶钉上小钉，准确标志出轴线位置，并用混凝土包裹木桩（图 8-13），同法测设出其余的轴线控制桩。如有条件，也可把轴线引测到周围原有固定的地物上，并做好标志来代替轴线控制桩。

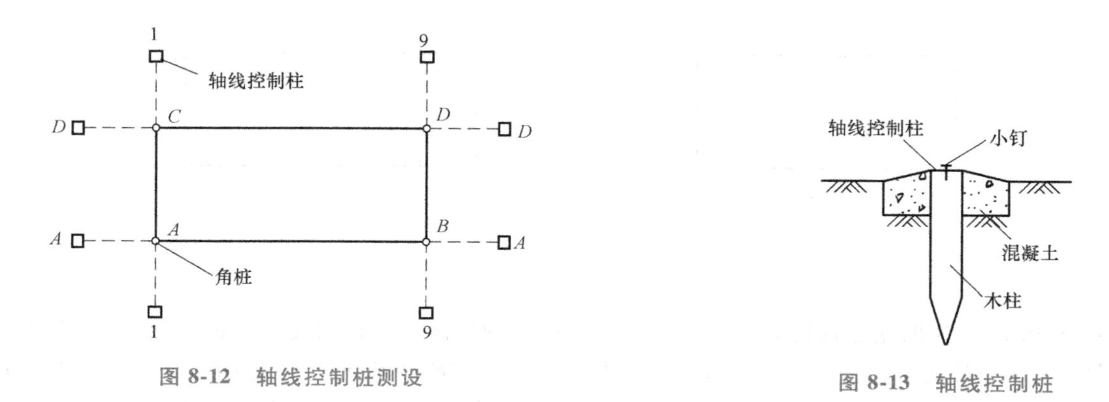

图 8-12　轴线控制桩测设

图 8-13　轴线控制桩

2. 设置龙门板

在园林建筑中，常在基槽开挖线外一定距离处钉设龙门板，如图 8-14 所示，其步骤和要求如下：

1）在建筑物四角和中间定位轴线的基槽开挖线外 1.5~3m 处（由土质与基槽深度而定）设置龙门桩，桩要钉得竖直、牢固，桩的外侧面应与基槽平行。

2）根据场地内的水准点，用水准仪将±0.00 的标高测设在每个龙门桩上，用红笔画一横线。

3）沿龙门桩上测设的线钉设龙门板，使板的上边缘高程正好为±0.00，若现场条件不允许，也可测设比±0.00 高或低一整数的高程，测设龙门板高程的限差为±5mm。

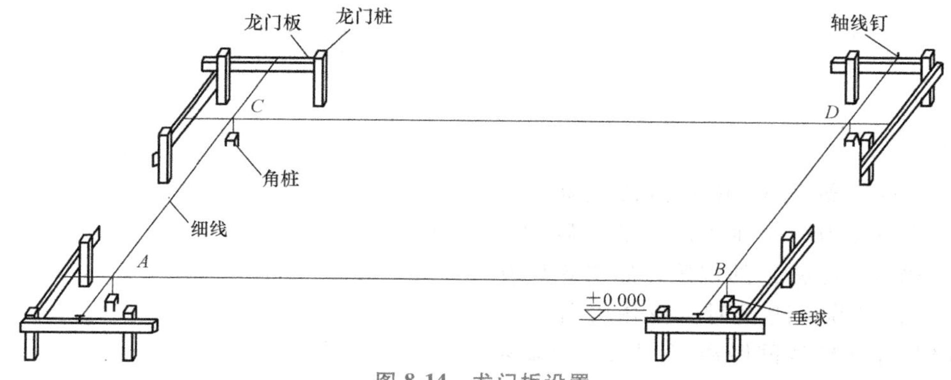

图 8-14　龙门板设置

4）将经纬仪安置在 A 点，瞄准 B 点，沿视线方向在 B 点附近的龙门板上定出一点，并钉小钉（称轴线钉）作为标志；倒转望远镜，沿视线在 A 点附近的龙门板上定出一点，也钉小钉作为标志。同法可将各轴线都引测到各相应的龙门板上。如建筑物较小，也可用垂球对准桩点，然后沿两垂球线拉紧线绳，把轴线延长并标定在龙门板上，如图 8-14 所示。

5）在龙门板顶面将墙边线、基础边线、基槽开挖边线等标定在龙门板上。标定基槽上口开挖宽度时，应按有关规定考虑放坡的尺寸。

8.3.3　基础施工放样

轴线控制桩测设完成后，即可进行基槽开挖施工等工作。基础施工中的测量工作主要有以下两个方面。

1. 基槽开挖深度的控制

在进行基槽开挖施工时，应随时注意开挖深度。在快要挖到槽底设计标高时，要用水准仪在槽壁测

设一些距槽底设计标高为某一整数（一般为 0.4m 或 0.5m）的水平桩，如图 8-15 所示，用以控制挖槽深度。水平桩高程测设的允许误差为±10mm。

为了施工方便，一般在槽壁每隔 3~4m 处测设一水平桩，必要时，可沿水平桩的上表面拉线，作为清理槽底和打基础垫层时掌握标高的依据。基槽开挖完成后，应检查槽底的标高是否符合要求。检查合格后，可按设计要求的材料和尺寸打基础垫层。

2. 在垫层上投测墙中心线

基础垫层做好后，根据龙门板上的轴线钉或轴线控制桩，用经纬仪或拉绳挂垂球的方法，把轴线投测到垫层上，并标出墙中心线和基础边线，如图 8-16 所示，作为砌筑基础的依据。

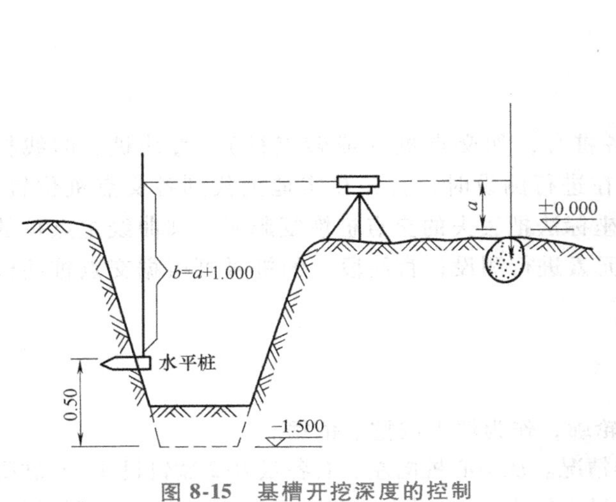

图 8-15 基槽开挖深度的控制

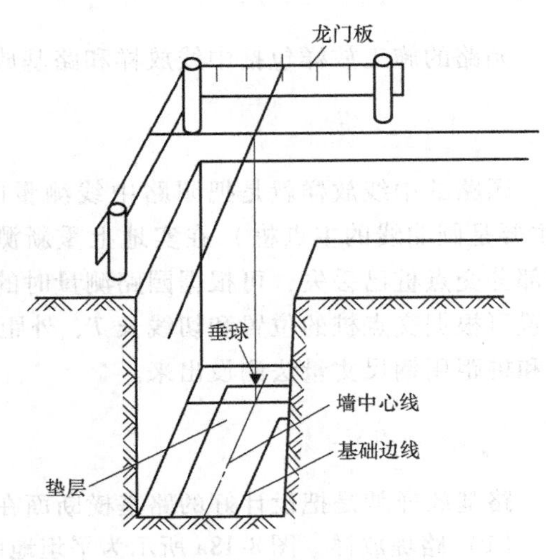

图 8-16 墙中心线投测

8.3.4 墙身施工放样

1. 墙身的弹线定位

基础施工结束后，检查基础面的标高是否满足要求，检查合格后，即可进行墙身的弹线定位，作为砌筑墙身时的依据，如图 8-17 所示。

墙身的弹线定位的方法：利用轴线控制桩或龙门板上的轴线和墙边线标志，用经纬仪或用拉线绳挂垂球的方法，将轴线投测到基础面上，然后用墨线弹出墙中线和墙边线；检查外墙轴线交角是否为直角，符合要求后，把墙轴线延长并画在外墙基上，作为向上投测轴线的依据；同时把门、窗和其他洞口的边线也在外墙基础立面上画出。

2. 上层楼面轴线的投测

在多层建筑施工中，需要把底层轴线逐层投测到上层楼面，作为上层楼面施工的依据。上层楼面轴线投测有下面两种方法。

（1）吊锤法　用较重的垂球悬吊在楼板或柱顶边缘，当垂球尖对准基础墙面上的轴线标志时，线在楼板或柱边缘的位置即为该楼层轴线端点位置，并画线标志，同法投测其他轴线端点。经检测各轴线间距符合要求后即可继续施工。这种方法简便易行，一般能保证施工质量，但当风力较大或建筑物较高时，投测误差较大，应采用经纬仪投测法。

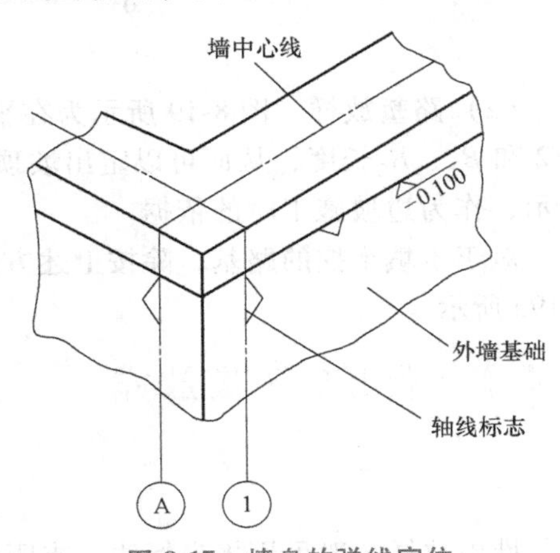

图 8-17 墙身的弹线定位

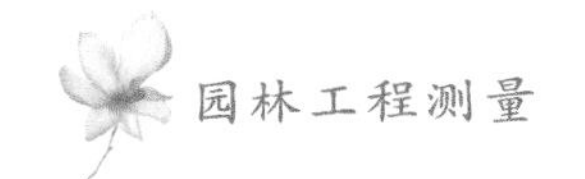

（2）经纬仪投测法　经纬仪在相互垂直的建筑物中部轴线控制桩上，严格整平后，瞄准底层轴线标志。用盘左和盘右取平均值的方法，将轴线投测到上楼层边缘或柱顶上。每层楼板应测设长轴线1~2条，短轴线2~3条。然后，用钢尺实量其间距，相对误差不得大于1/2000。合格后才能在楼板上分间弹线，继续施工。

8.4 其他园林工程施工放样

8.4.1 园路施工放样

园路的施工放样包括中线放样和路基放样。

1. 中线放样

园路的中线放样就是把园路中线测量时设置的各桩号，如交点桩（或转点桩）、直线桩、曲线桩（主要是圆曲线的主点桩）在实地上重新测设出来。在进行测设时，首先在实地上找到各交点桩位置，若部分交点桩已丢失，可根据园路测量时的数据用极坐标法把丢失的交点桩恢复起来；圆曲线主点桩的位置可根据交点桩的位置和切线长 T、外距 E 等曲线元素进行测设；直线段上的桩号可根据交点桩的位置和桩距用钢尺丈量法测设出来。

2. 路基放样

路基放样就是把设计好的路基横断面在实地构成轮廓，作为填土或挖土依据。

（1）路堤放样　图8-18a所示为平坦地面路堤放样情况。从中心桩向左、右各量 $B/2$ 宽钉设 A、P 坡脚桩；从中心桩向左、右各量 $b/2$ 宽处竖立竹竿，在竿上量出填土高 h，得坡顶 C、D 和中心点 O；用细绳将 A、C、O、D、P 连接起来，即得路堤断面轮廓。施工中在相邻断面的坡脚连线上撒出白灰线作为填方的边界。若路基位于弯道，需要加宽和加高，应将加宽和加高的数值放样进去。若路基断面位于斜坡上，如图8-18b所示，先在图上量出 B_1、B_2 及 C、O、D 三点的填高数，按这些放样数据即可进行现场放样。

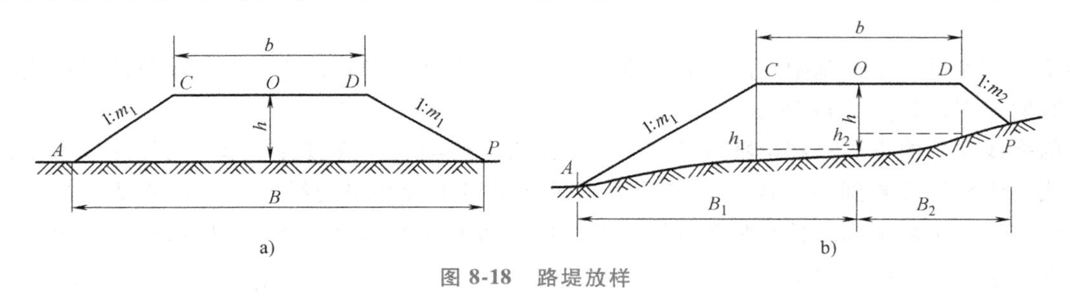

图8-18　路堤放样

（2）路堑放样　图8-19所示为在平坦地面和斜坡上路堑放样的几种情况。放样的要点是在图上量出 $B/2$ 和 B_1、B_2 长度，从而可以定出坡顶 A、P 的实地位置。为了施工方便，可以制作坡度板，如图8-19c所示，作为边坡施工时的依据。

对于半填半挖的路基，除按上述方法测设坡脚 A 和坡顶 P 外，一般要测出施工量为零的点 O'，如图8-19a所示 。

8.4.2 堆山与挖湖放样

1. 堆山放样

堆山放样一般可用极坐标法、支距法或平板仪放射法等。如图8-20所示，先测设出设计等高线的各

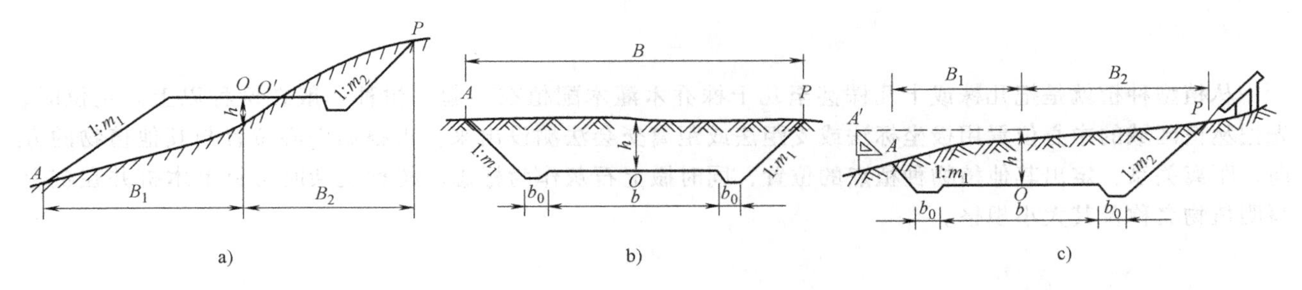

图 8-19　路堑放样

转折点，如图中 1、2、3、…、9 各点，然后将各点连接，并用白灰或绳索加以标定。再利用附近水准点测出 1~9 各点应有的标高，若高度允许，可在各桩点插设竹竿画线标出。若山体较高，则可在桩的侧面标明上返高度，供施工人员使用。一般情况堆山的施工多采用分层堆叠，因此在堆山的放样过程中也可以随施工进度随时测设，逐层打桩，直至山顶。

2. 挖湖及其他水体放样

挖湖或开挖水渠等放样与堆山的放样基槽相似。

首先把水体周界的转折点测设在地面上，如图 8-21 所示的 1、2、3、…、30 各点，然后在水体内设定若干点位，打上木桩。根据设计给定的水体基底标高在桩上进行测设，画线注明开挖深度，图中①、②、③、④、⑤、⑥各点即为此类桩点。在施工中，各桩点不要破坏，可留出土台，待水体开挖接近完成时，再将此土台挖掉。

水体的边坡坡度，同挖方路基一样，可按设计坡度制成边坡样板置于边坡各处，以控制和检查各边坡坡度。

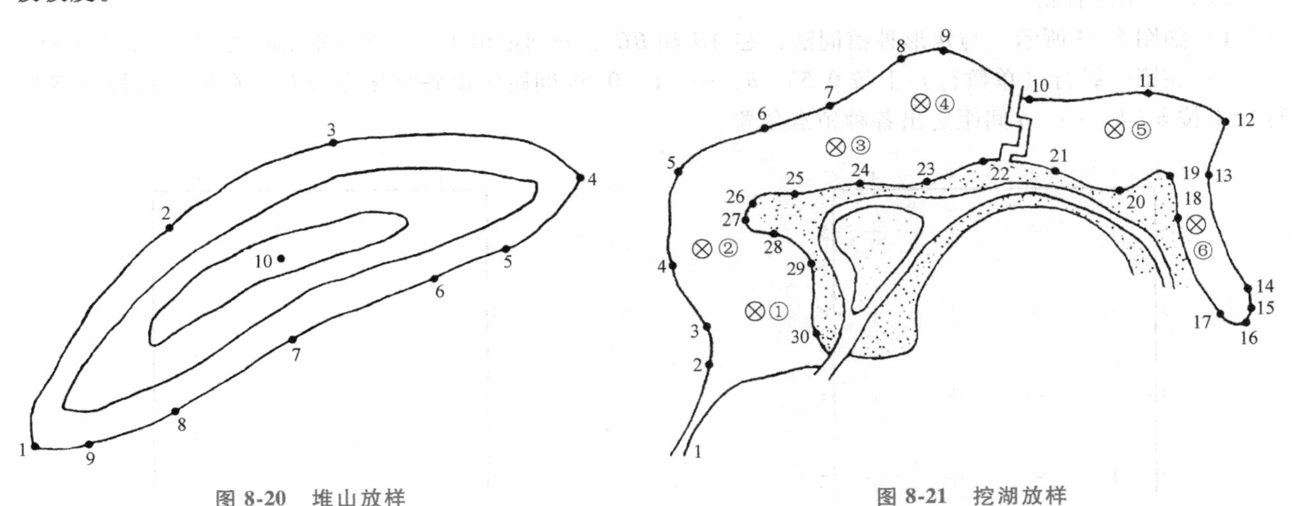

图 8-20　堆山放样　　图 8-21　挖湖放样

8.4.3　园林植物种植放样

园林植物的种植也必须按设计图的要求进行施工。园林植物种植放样的方法，根据其种植形式的不同，分述如下。

1. 孤植型

孤植型种植就是在草坪、岛上或山坡上等地的一定范围里只种植一棵大树，其种植位置的测设方法视现场情况可采用极坐标法或支距法、距离交会法等。定位后以石灰或木桩标志，并标出它的挖穴范围。

2. 丛植型

丛植型种植就是把几株或十几株甚至几十株乔木灌木配植在一起，树种一般在两种以上。定位时，先把丛植区域的中心位置用极坐标法或支距法或距离交会法测设出来，再根据中心位置与其他植物的方向、距离关系，定出其他植物种植点的位置，同时撒上石灰作为标志。树种复杂时可钉上木桩并在桩上写明植物名称及其大小规格。

3. 行（带）植型

道路两侧的绿化树、中间的分车绿带和房子四周的行道树、绿篱等都是属于行（带）植型种植。定位时，根据现场实际情况一般可用支距法或距离交会法测设出行（带）植范围的起点、终点和转折点，然后根据设计株距的大小定出单株的位置，做好标记。

道路两侧的绿化树，一般要求对称，放样时要注意两侧单株位置的对应关系。

4. 片植型

在苗圃、公园或游览区常常成片规则种植某一树种（或两个树种）。放样时，首先把种植区域的界线视现场情况用极坐标法或支距法在实地上标定出来，然后根据其种植的方式再定出每一植株的具体位置。

（1）矩形种植　如图 8-22 所示，$ABCD$ 为种植区域的界线，每一植株定位放样方法如下：

1）假定种植的行距为 a、株距为 b。如图 8-22 所示，沿 AD 方向量取距离 $d'_{A1}=0.5a$、$d'_{A2}=1.5a$、$d'_{A3}=2.5a$、…定出 1、2、3、…各点；同法在 BC 方向上定出相应的 1′、2′、3′…各点。

2）在纵向 11′、22′、33′…连线上按株距 b 定出各种植点的位置，撒上白灰标记。

（2）三角形种植

1）如图 8-23 所示，与矩形种植同法，在 AD 和 BC 上分别定出 1、2、3…和相应的 1′、2′、3′…点。

2）在第一纵行（单数行）上按 $0.5b$、b、…、b、$0.5b$ 间距定出各种植点位置，在第二纵行（双数行）上按 b、b、…、b 间距定出各种植点位置。

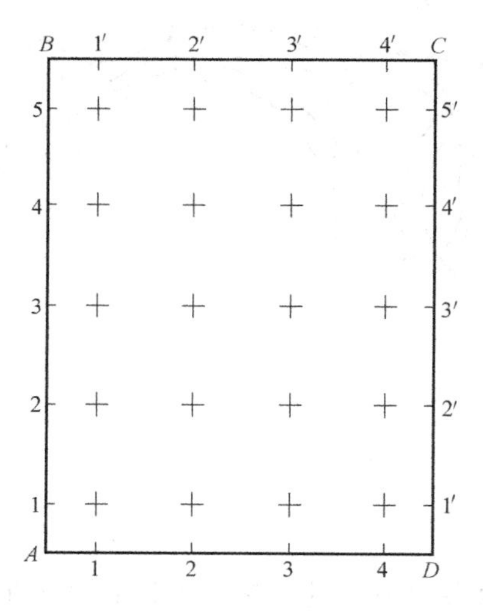

图 8-22　矩形种植

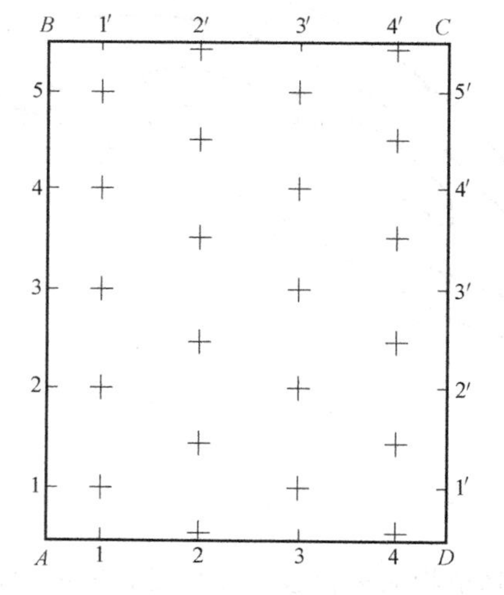

图 8-23　三角形种植

单元9 全站仪

[学习目标]

通过学习，应熟悉全站仪的结构功能，掌握仪器操作，会用仪器进行水平角、距离、坐标等测量计算。

全站仪（图9-1）和经纬仪、水准仪一样，是测量的主要仪器，但它可以同时测水平角、竖直角、水平距离和高差，能大大提高测量的效率。

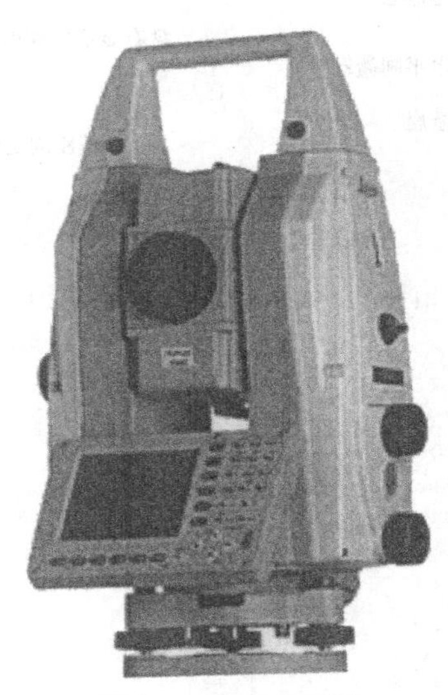

图9-1 全站仪例图

9.1 概 述

全站型电子速测仪简称全站仪，它是一种可以同时进行角度（水平角、竖直角）测量、距离（斜距、平距、高差）测量和数据处理，由机械、光学、电子元件组合而成的测量仪器。由于只需一次安置，仪器便可以完成测站上所有的测量工作，故被称为全站仪。

全站仪上半部分包含有测量的四大光电系统，即水平角测量系统、竖直角测量系统、水平补偿系统和测距系统。通过键盘可以输入操作指令、数据和设置参数。以上各系统通过I/O接口接入总线与微处理机联系起来。

微处理机（CPU）是全站仪的核心部件，主要由寄存器系列（缓冲寄存器、数据寄存器、指令寄存器)、运算器和控制器组成。微处理机的主要功能是根据键盘指令启动仪器进行测量工作，执行测量过程中的检核和数据传输、处理、显示、储存等工作，保证整个光电测量工作有条不紊地进行。输入输出设备是与外部设备连接的装置（接口），它使全站仪能与磁卡和微机等设备交互通信、传输数据。

9.2 全站仪的结构与功能

9.2.1 仪器结构

全站仪 ZT20 的外观与普通经纬仪相似，仪器对中、整平、目镜对光、物镜对光、瞄准目标的方法也跟普通光学经纬仪相同。中纬 ZT20 全站仪结构如图 9-2 所示。

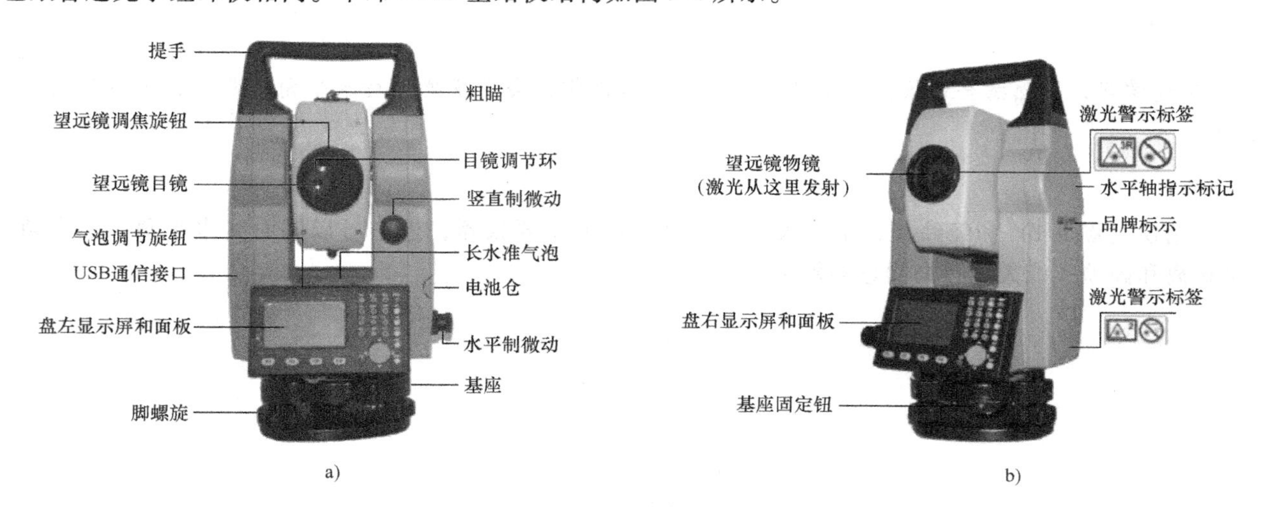

图 9-2 中纬 ZT20 全站仪结构

a）盘左 b）盘右

9.2.2 键盘的功能

1. 键盘的操作面板

键盘的操作面板如图 9-3 所示。

2. 键盘功能

（1）固定键

MENU 键：在常规测量界面时进入菜单。

坐标键：在常规测量、数据采集和放样中进入坐标测量界面。

距离键：在常规测量、数据采集和放样中进入距离界面，再次按此键将在平距、高差和斜距之间切换。

ANG 键：在常规测量、数据采集和放样中进入角度测量界面。

FNC 键：常用测量功能键。

ESC 键：退出对话框或者退出编辑模式，保留先前值不变，返回上一界面。

ENT 键：回车键。确认输入，进入下一输入区。

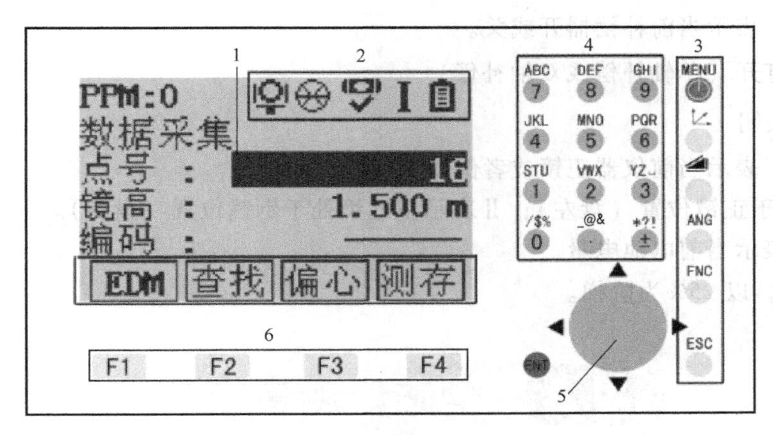

图 9-3　键盘操作面板

1—当前操作区　2—状态图标　3—固定键，具有相应的固定功能　4—字符数字键　5—导航键，在编辑或输入模式中控制输入光标，或控制当前操作光标　6—软功能键，相应功能随屏幕底行显示变化

（2）软功能键　命令及功能软按键列于显示屏的底行，可以通过相应的功能键激活。每一个软功能键所代表的实际意义依赖于当前激活的应用程序及功能。

（3）常用功能键　常用功能可以在不同的测量界面中按［FNC］直接调用。它包含如下功能：

对中/整平：打开电子水准器和对中激光，设置对中激光强度。

照明开/关：设置屏幕照明开或关。

数据确认：数据确认功能开/关。当数据确认功能为开时，保存测量结果前会有数据确认提示。

删除最后一个记录：该功能用于删除最后记录的数据块。

激光指示：用于照亮目标点的可见激光束的输出开关。大约1s后，显示新设置并记录。

主要设置：可以调整屏幕对比度，开关HA改正。

NP/P变换：在P（棱镜）和NP（无棱镜）两种测距模式间转换。大约1s后，显示新设置。

倾斜补偿：设置仪器的倾斜补偿器开关，可在双轴/单轴和关之间选择。

（4）状态图标　根据不同的软件版本，符号和对应的状态可能有所不同。从左至右依次为PPM常数、棱镜状态、补偿器状态、正倒镜状态、电池状态。

1）PPM：此处显示的常数是气象改正常数，乘常数以及缩放因子没有计算在内。

2）棱镜状态：表示目前所设置的棱镜模式，由两个图标组成，前一个图标表示工作模式（P/NP/反射片），后一个图标为棱镜类型（圆棱镜/Mini/JPMINI/360°/360° Mini/自定义）。各图标组合意义如下：

表示当前棱镜设置为P-圆棱镜。（P是Prism棱镜的缩写）

表示当前棱镜设置为P-Mini棱镜。

表示当前棱镜设置为P-JPMINI棱镜。

表示当前棱镜设置为P-360°棱镜。

表示当前棱镜设置为P-360°Mini棱镜。

表示当前棱镜设置为P-自定义棱镜。此种状态下，棱镜常数由用户输入。

表示当前棱镜设置为NP。（NP是None-Prism无棱镜的缩写）

表示当前棱镜设置为NP-自定义。

表示当前棱镜设置为反射片。

表示当前棱镜设置为反射片-自定义。

3）补偿器状态：表示当前补偿器开或关。

表示补偿器打开（单轴补偿或双轴补偿）。

表示补偿器关闭。

4）正倒镜状态：表示当前仪器正镜或者倒镜。

Ⅰ表示望远镜处于正镜位置（盘左）；Ⅱ表示望远镜处于倒镜位置（盘右）。

5）电池状态：表示当前电池电量。

分为四个等级，以25%为阶梯。

9.3 全站仪测量方法

9.3.1 角度测量

在常规测量界面按“角度”功能键进入角度测量模式。

1. 测量两点的水平夹角、竖直夹角

角度测量如图9-4所示。

照准第一个目标A；设置目标A的水平角为0°0′0″，按F1置零；按F4确认；照准第二个目标B，显示B与A的水平夹角，以及当前的垂直角。

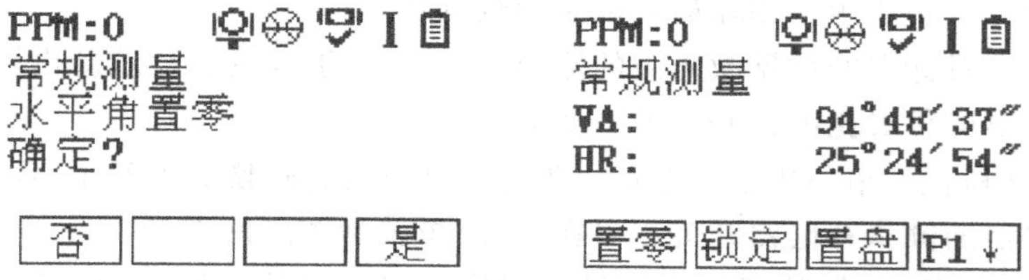

PPM:0 I
常规测量
水平角置零
确定?
否 是

PPM:0 I
常规测量
VA: 94°48′37″
HR: 25°24′54″
置零 锁定 置盘 P1↓

图9-4 角度测量

切换左角、右角模式：按F4两次转到第三页功能，通过F2［R/L］可以在左角模式（HL）和右角模式（HR）之间切换。

2. 水平角的设置

（1）通过锁定角度值进行设置　用水平微动螺旋转到所需的角度值；按F2［锁定］键，则角度不再随着仪器的转动而改变；照准目标，按F4［是］完成水平角的设置（图9-5），屏幕回到正常的角度测量模式。

（2）通过键盘输入进行设置　照准目标，按F3［置盘］键，通过键盘输入要设定的角度值，如45°，然后按F4［确定］键，如图9-6所示。

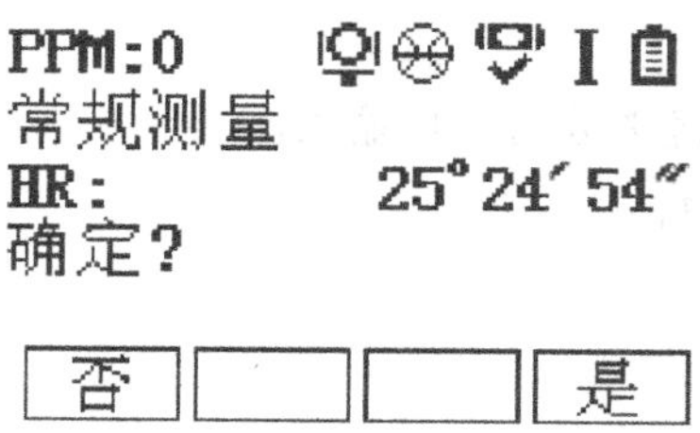

PPM:0 I
常规测量
HR: 25°24′54″
确定?
否 是

图9-5 水平角的设置

PPM:0 I
常规测量
水平角设置
HR: 45°00′00″
返回 确定

图9-6 键盘输入设置

3. 切换垂直角百分度（%）模式

按 F4 键转到第二页；按 F3［V%］键，可在角度与百分度之间切换，如图 9-7 所示。

4. 角度复测

1）按 F4 转到第二页按 F2［复测］。
2）并按 F4［是］确定进入角度复测模式。
3）照准目标 *A*，按 F2［置零］键，并按 F4［是］。
4）照准目标 *B*，按 F4［锁定］。完成第一次观测。
5）再次照准目标 *A*，按 F3［释放］。
6）再次照准目标 *B*，按 F4［锁定］。完成第二次观测。
7）重复步骤 5）、6），直到完成想要的次数。

5. 竖直角水平零/天顶零的切换

按 F4 键两次转到第三页；按 F3［水平］键，切换到水平零，此时 F3 对应的功能变为［天顶］，此时按下 F3［天顶］，则切换为天顶零，如图 9-8 所示。

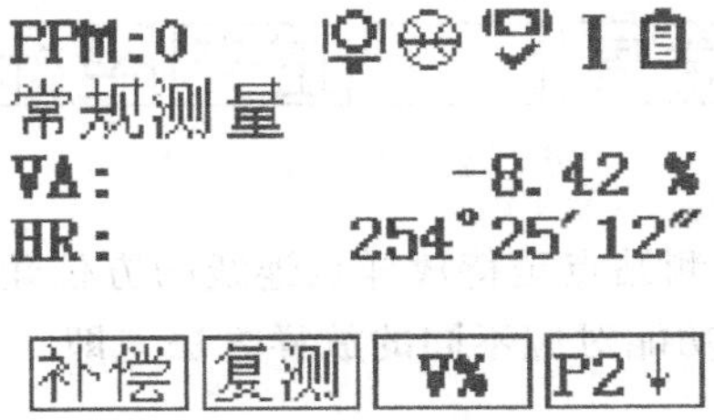

PPM:0
常规测量
VA: -8.42 %
HR: 254°25′12″
补偿
复测
V%
P2↓

图 9-7　切换垂直角百分度（%）模式

PPM:0
常规测量
VA: 29°59′59″
HR: 45°00′00″
R/L
天顶
P3↓

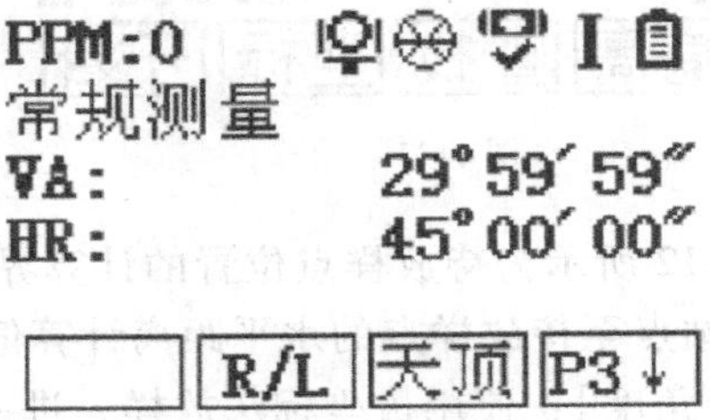

图 9-8　水平零/天顶零的切换

9.3.2　距离测量

在常规测量界面按“距离”功能键进入距离测量模式，再次按下，屏幕内容将在两屏之间切换。如图 9-9a 所示界面显示水平角、平距、高差，图 9-9b 所示界面显示竖直角、水平角、斜距。

PPM:0
常规测量 1/2
HR: 111°00′21″
HD: m
VD: m
P/NP
偏心
测量
P1↓
PPM:0
常规测量 2/2
VA: 90°12′25″
HR: 111°00′21″
SD: m
P/NP
偏心
测量
P1↓

a)　　b)

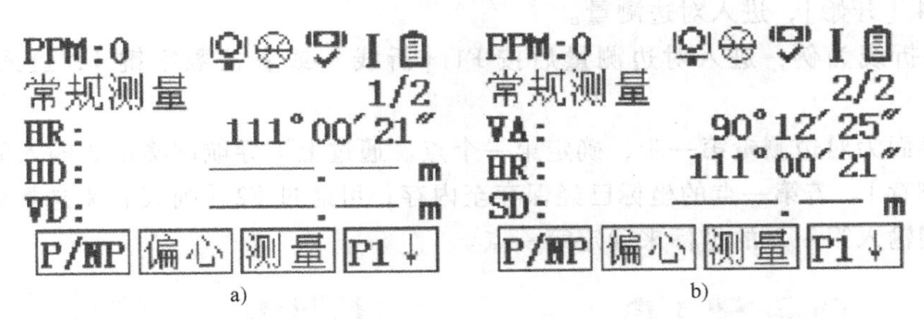

图 9-9　距离测量

确保测量目标选择正确，在图 9-9a 所示界面按 F3［测量］键，得到距离值。如需查看斜距，按“距离”功能键切换至图 9-9b 界面即可。

9.3.3　坐标测量

在常规测量界面按“坐标”功能键进入坐标测量模式。照准目标，按 F3［测量］键可以得到坐标，如图 9-10 所示。通过 F4 可以切换软功能，在第二页软功能可以设置镜高、仪高、测站坐标。

9.3.4 放样

在常规测量界面，按 MENU/电源键进入主菜单。按 F2［放样］，进入放样程序；完成应用程序准备设置；按 F4［开始］，进入放样程序；按左右导航键，选择要放样的点号，同时屏幕会显示此点的 *X*、*Y* 坐标值，如图 9-11 所示。

图 9-10 坐标测量

放样界面（图 9-11）中功能键意义如下：

F1［镜高］：输入棱镜高度。

F2［查找］：查找已保存的点数据。

F3［坐标］：进入坐标测量程序。

按 F4［开始］：放样当前选中的点，屏幕切换为图 9-12 所示界面。

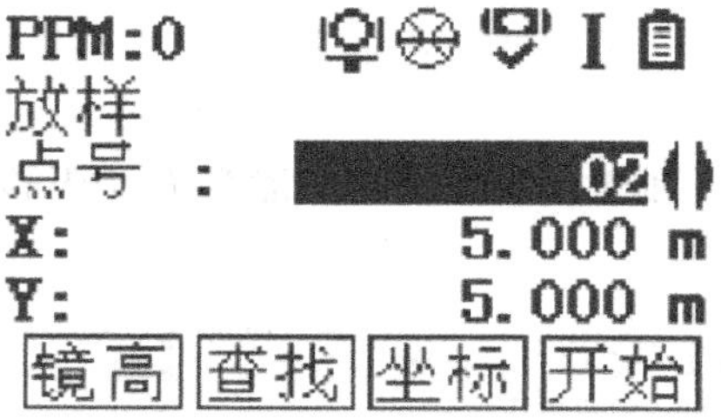

图 9-11 放样

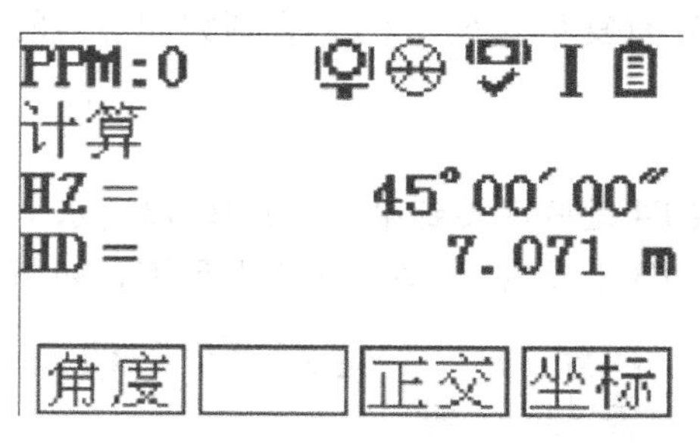

图 9-12 待放样点位置

图 9-12 所示为待放样点位置的计算界面，该界面中，*HZ* 为测站点至待放样点连线的方位角计算值，*HD* 为测站点至待放样点的水平距离计算值。界面下方的三个软功能对应不同的放样方法，即

F1［角度］：使用极坐标法放样，进入角度测量部分。

F3［正交］：使用正交法放样。

F4［坐标］：使用笛卡尔坐标法放样。

9.3.5 对边测量

在常规测量界面，按 MENU/电源键进入主菜单；按 F3［程序］；按 F1［对边测量］；完成应用程序准备设置；按 F4［开始］，进入对边测量。

以对边测量一折线为例，进入对边测量后按 F1［折线］或者按数字键 1，进入界面，如图 9-13 所示。

图 9-13 所示界面为对边测量第一步，确定第一个点。通过上下导航键确定要输入的内容；然后瞄准第一点，按 F4［测存］。若第一点的坐标已经保存至内存；可通过 F2［列表］来选择第一点；还可以通过 F3［坐标］直接输入第一点的坐标来确定第一点。

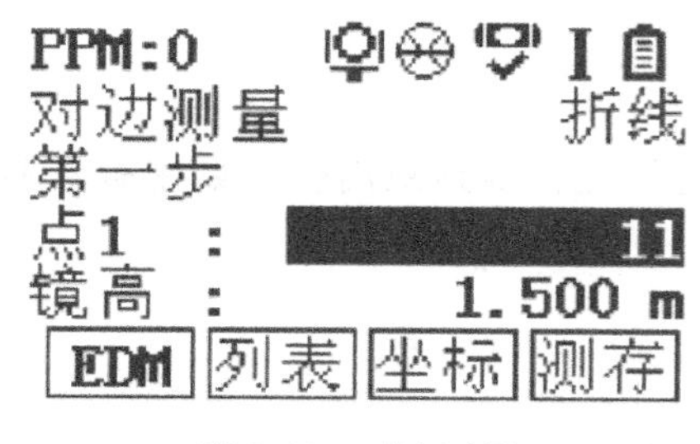

图 9-13 对边测量

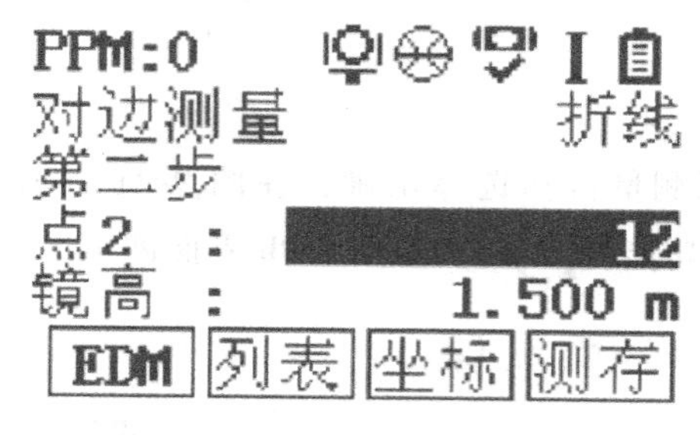

图 9-14 输入第二点的坐标

确定第一点之后进入图 9-14 所示界面，该界面显示为对边测量第二步。通过上下键确定要输入的内

容，然后F4［测存］第二点。若第二点的坐标已经保存至内存，可通过F2［列表］来选择第二点；还可以通过F3［坐标］直接输入第二点的坐标来确定第二点。

确定两个点后，界面显示提示语，随后显示计算结果，如图9-15所示，图中符号意义如下：

dHD：两点的水平距离。

dH：两点的高差。

Hz：第一点到第二点连线的方位角。

F1［新对］：重新开始一条对边，程序重新在点1上开始测量。

F2［新点］：设置点2作为新对边线的起点，定义一个新的点2。

F3［射线］：切换到射线方法。

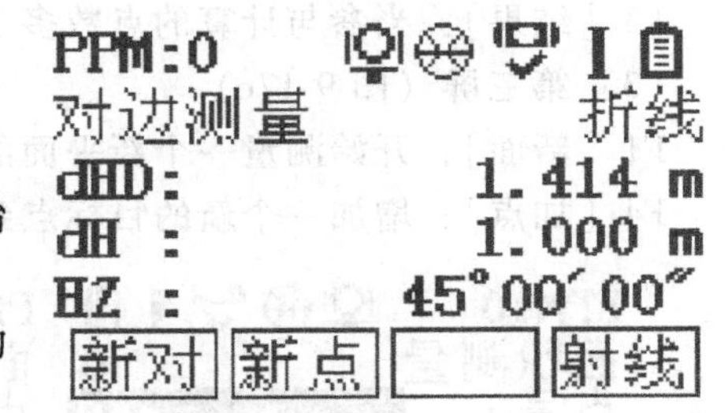

图9-15 计算结果

9.3.6 自由设站

在常规测量界面，按MENU/电源键进入主菜单；按F3［程序］；按F2［自由设站］；完成应用程序准备设置。然后设置精度限差；按F4［开始］，进行自由设站。

设置精度限差的操作方法为：使用F1［打开］和F2［关闭］设置（若打开，在标准偏差超限时会显示警告信息）；设置东坐标、北坐标、高程以及角度标准差限差；按F4［确定］保存限差并返回到预设置界面。

设置精度限差完成后，按F4［开始］，后续操作如下：

1）输入测站信息，包括测站号和仪器高。输入完成后按F4［确定］键，显示图9-16a所示界面。

2）输入第一个已知点信息（图9-16a）。若内存中存有此已知点坐标，可直接输入此已知点点号，或者通过F2［列表］功能来确定第一个已知点。若内存中没有此点的坐标可通过按F3［坐标］键直接输入坐标。按F4［确定］键进入下一步，显示图9-16b所示界面。

3）瞄准第一点，输入镜高数据（图9-16b）按F4［测存］键，测量并保存数据，显示图9-16c所示界面。此时，按F1［下点］键输入第二点数据，按F4［P↓］键显示第二屏。

相同的方法测量第二个已知点、第三个已知点等。

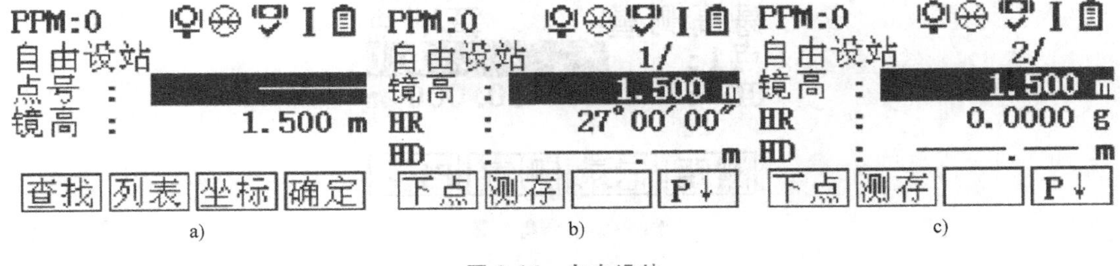

图9-16 自由设站

9.3.7 面积测量

在常规测量界面，按MENU/电源键进入主菜单；按F3［程序］->F3［面积测量］；完成应用程序准备设置，按F4［开始］；直接输入瞄准点的点号，然后按F3［测存］键来测量并保存参与计算的数据。

面积测量界面如图9-17所示，各屏中功能键作用如下：

（1）第一屏（图9-17a）

F1［加点］：输入内存中存储的点号。

F2［减点］：取消先前测量或所选的点。

（2）第二屏（图 9-17b）

F1［EDM］：进入 EDM 设置。

F2［列表］：通过列表来选择参与计算的点。

F3［结果］：当参与计算的点数多于三个时，按此键会显示计算结果（图 9-17c）。

（3）第三屏（图 9-17c）

F1［新面］：开始测量一个新平面的面积。

F4［加点］：增加一个新的目标点到已有的面上。

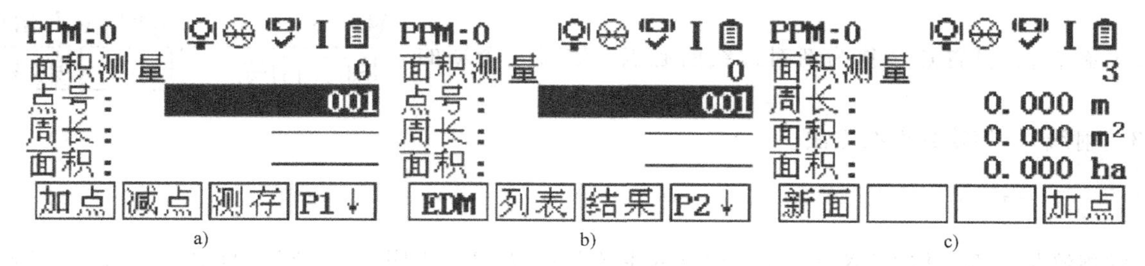

图 9-17　面积测量

9.3.8　悬高测量

在常规测量界面，按 MENU/电源键进入主菜单；按 F3［程序］->F4［悬高测量］；完成应用程序准备设置，按 F4［开始］。

悬高测量可以在已知棱镜高和未知棱镜高两种情况下进行。

棱镜高已知时，输入基点的点号和棱镜高，照准棱镜，按 F1［测距］后按 F2［记录］或者直接按 F3［测存］均可以记录基点的数据。

棱镜高未知时，则按 F4［P↓］软功能键翻页之后，按 F1［镜高］，出现如图 9-18 所示界面。输入基点的点号，照准棱镜，按 F1［测距］后按 F2［记录］或者直接按 F3［测存］，进入下一个界面。然后转动望远镜，瞄准棱镜底端，然后按 F4［确定］，将计算出的棱镜高保存。

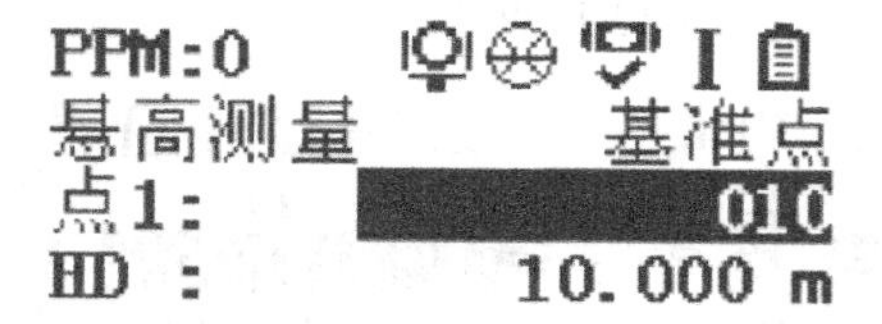

图 9-18　悬高测量

参考文献

[1] 王文斗. 园林测量 [M]. 北京：中国科学技术出版社，2003.

[2] 郑金兴. 园林测量 [M]. 北京：高等教育出版社，2005.

[3] 陈涛. 园林测量 [M]. 北京：中国劳动社会保障出版社，2009.

[4] 韩学颖. 园林工程测量技术 [M]. 郑州：黄河水利出版社，2012.

[5] 李生平. 建筑工程测量 [M]. 北京：高等教育出版社，2002.

[6] 华南理工大学测量教研组. 建筑工程测量 [M]. 2 版. 广州：华南理工大学出版社，1997.

[7] 张远智. 园林工程测量 [M]. 北京：中国建材工业出版社，2005.

[8] 黄朝禧. 测量学实验指导 [M]. 北京：中国农业出版社，2007.

实训手册及试题库

姓名______________

班级______________

学号______________

机 械 工 业 出 版 社

目　　录

实训一　水准仪的认识与使用

一、实训目的

1）了解水准仪的构造，熟悉各部件的名称、功能及作用。

2）初步掌握其使用方法，学会水准尺的读数。

二、实训器具

水准仪 1 套，水准尺 1 对，尺垫 1 对，记录夹 1 个。

三、实训内容

1）熟悉 DS_3 型微倾式水准仪各部件的名称及作用。

2）学会使用圆水准器整平仪器。

3）学会瞄准目标、消除视差及利用望远镜的中丝在水准尺上读数。

4）学会测定地面两点间的高差。

四、实训步骤

1. 安置仪器

张开三脚架，使架头大致水平，高度适中，将脚架稳定（踩紧），然后用连接螺旋将水准仪固定在三脚架上。

2. 了解水准仪各部件的功能及使用方法

1）调节目镜调焦螺旋，使十字丝清晰；旋转物镜调焦螺旋，使物象清晰。

2）转动脚螺旋使圆水准器气泡居中（此为粗平）；转动微倾螺旋使水准管气泡居中或气泡两端影像完全吻合（此为精平）。

3）用准星和照门来粗略找准目标，旋紧水平制动螺旋，转动水平微动螺旋来精确照准目标。

3. 粗略整平练习

如图 S-1a 所示的圆气泡处于左边而不居中。为使其居中，先按图中箭头的方向转动 1、2 两个脚螺旋，使气泡移至两个螺旋连线的中间位置，如图 S-1b 所示；再用左手按图 S-1b 中箭头所指的方向转动第三个螺旋，使气泡移动到圆水准器的中心位置。一般需反复操作 2~3 次即可整平仪器。操作熟练后，三个脚螺旋可一起转动，使气泡更快地进入圆圈中心。

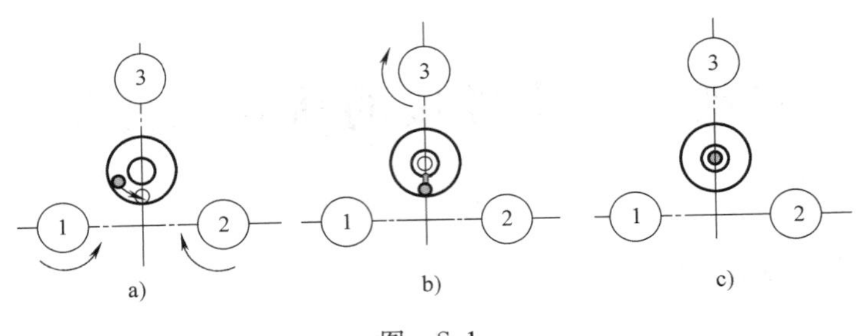

图 S-1

4. 读数练习

概略整平仪器后，用准星和照门瞄准水准尺，旋紧水平制动螺旋。分别调节目镜和物镜调焦螺旋，使十字丝和物像都清晰。此时物像已投影到十字丝平面上，视差已完全消除。转动微动螺旋，使十字丝竖丝对准尺面，转动微倾螺旋精平，用十字丝的中丝读出米数、分米数和厘米数，并估读到毫米，记下四位读数。

5. 高差测量练习

1）在仪器前后距离大致相等处各立一根水准尺，分别读出中丝所截取的尺面读数，记录并计算两点间的高差。

2）不移动水准尺，改变水准仪的高度，再测两点间的高差，两次测得的高差之差不应大于 5mm。

五、注意事项

1）读取中丝读数前应消除视差，水准气泡必须严格符合。

2）微动螺旋和微倾螺旋应保持在中间运行，不要旋到极限。

3）观测者的身体各部位不得接触脚架。

六、观测记录

水准仪认识观测记录见表 S-1。

表 S-1　水准仪认识观测记录

仪器号：　　　　　　天　气：　　　　　　观测者：

日　期：　　　　　　呈　像：　　　　　　记录者：

安置仪器次数	测点	后视读数/m	前视读数/m	高差/m	高程/m
第一次					
第二次					

实训二　普通水准测量

一、实训目的

1）掌握普通水准测量的观测、记录、计算和校核方法。
2）熟悉水准路线的布设形式。

二、实训器具

DS_3 型微倾式水准仪 1 台，水准尺 1 对，尺垫 1 对，记录夹 1 个。

三、实训内容

1）闭合水准路线测量或附合水准路线测量（至少设置 4 个测站）。
2）观测精度满足要求后，根据观测结果进行水准路线高差闭合差的调整和高程计算。

四、实训步骤

从指定水准点出发按普通水准测量的要求施测一条闭合（或附合）水准路线，每人轮流观测两站，然后计算高差闭合差和高差闭合差的允许值。若高差闭合差在允许范围之内，则对闭合差进行调整，最后算出各测站改正后的高差。若闭合差超限，则应返工重测。

五、技术规定

1）路线长度不超过 100m，前、后视距应大致相等。
2）限差要求如下。

$$f_{h允} = \pm 40\sqrt{L}$$

$$或\quad f_{h允} = \pm 12\sqrt{n}$$

式中　$f_{h允}$——高差闭合差限差（mm）；
L——水准路线长度（km）；
n——测站数。

六、注意事项

1）每次读数前水准管气泡要严格居中。

2）注意用中丝读数，不要读成上丝或下丝的读数，读数前要消除视差。

3）后视尺垫在水准仪搬动之前不得移动。仪器迁站时，前视尺垫不能移动。在已知高程点上和待定高程点上不得放尺垫。

4）水准尺必须扶直，不得前后、左右倾斜。

七、观测记录

普通水准测量记录见表 S-2，计算见表 S-3。

表 S-2 普通水准测量记录

测自　　点至　　点　　　天气：　　　呈像：　　　日期：

仪器号码：　　　　　　观测者：　　　　　　记录者：

测站	点号	后视读数	前视读数	高差	平均高差	备注
1	BM1					
	TP1					
2						
	1					
3						
	TP2					
4						
	TP3					
5						
	2					
6						
	TP4					
7						
	BM1					

表 S-3 普通水准测量计算

测段	点号	测站数	实测高差	改正数	改正后高差	高程	备注
	BM1					100m	
1		2					
	1						
2		3					
	2						
3		2					
	BM1						
辅助计算	f_h = ________ $f_{h允}$ = ________				$\|f_h\|$ __ $\|f_{h允}\|$		

实训三　水准仪的检验与校正[⊖]

一、实训目的

1）熟悉水准仪各主要轴线之间应满足的几何条件。

2）掌握 DS 型微倾式水准仪的检验和校正方法。

二、实训器具

DS_3 型微倾式水准仪 1 台，水准尺 1 对，尺垫 1 对，记录夹 1 个。

三、实训内容

1）圆水准器的检验和校正，只检验不校正。

2）望远镜十字丝横丝的检验和校正，只检验不校正。

3）水准管轴平行于视准轴的检验和校正，只检验不校正。

四、实训步骤

1. 圆水准器轴平行于仪器竖轴的检验和校正

（1）检验

1）将仪器置于脚架上，然后踩紧脚架，转动脚螺旋使圆水准器气泡严格居中。

2）仪器旋转 180°，若气泡偏离中心位置，则说明两者相互不平行，需要校正。

（2）校正

1）稍微松动圆水准器底部中央的固紧螺旋。

2）用校正针拨动圆水准器校正螺钉，使气泡返回偏离中心的一半。

3）转动脚螺旋使气泡严格居中。

4）反复检查 2~3 遍，直至仪器转动到任何位置气泡都居中。

2. 十字丝横丝垂直于仪器竖轴的检验与校正

（1）检验

1）严格整平水准仪，用十字丝交点对准一固定小点。

⊖ 本实训不是必修，各校可根据实际情况选修。

2）旋紧制动螺旋，转动微动螺旋，使望远镜水平移动，如移动时横丝不偏离小点，则条件满足，反之则应校正。

（2）校正　用小旋具松开十字丝分划板的3个固定螺钉，转动十字丝环使横丝末端与小点重合，再拧紧被松开的固定螺钉。

3. 水准管轴平行于视准轴的检验与校正

（1）检验

1）在比较平坦的地面上选择相距80到100m的A、B两点，分别在两点上放上尺垫，踩紧并立上水准尺。

2）置水准仪于A、B两点的中间，精确整平后分别读取两水准尺上的中丝读数a_1和b_1，求得正确高差$h_1=a_1-b_1$（为了提高精度并防止错误，可两次测定A、B两点的高差，并取平均值作为最后结果）。

3）将仪器搬至离B点2~3m处，精确整平后再分别读取两水准尺上的中丝读数a_2和b_2，求得两点间的高差$h_2=a_2-b_2$。

4）若$h_1=h_2$，则说明条件满足；若$h_1 \neq h_2$，则该仪器水准管轴不平行于视准轴，需要校正。

（2）校正

1）先求得A点水准尺上的正确读数$a_3=h_1+b_2$。

2）转动微倾螺旋使中丝读数由a_2改变成a_3，此时水准管气泡不再居中。

3）用校正针拨动管水准器校正螺钉，使水准管气泡居中。

4）重复检查，直至$|h_1-h_2| \leqslant 3$mm为止。

五、注意事项

1）必须按实训步骤规定的顺序进行检验和校正，不得颠倒。

2）拨动校正螺钉时，应先松后紧，松一个紧一个，用力不宜过大；校正结束后，校正螺钉不能松动，应处于旋紧状态。

六、观测记录

水准仪检验与校正记录见表S-4。

表S-4　水准仪检验与校正记录

仪器型号：　　　　检校者：　　　　记录者：　　　　日　期：

测站位置	计算符号	第一次	第二次	原理略图（按实际地形画图）
仪器在两标尺之间	a_1			
	b_1			
	$h_1=a_1-b_1$			

（续）

测站位置	计算符号	第一次	第二次	原理略图（按实际地形画图）
仪器在 B 标尺一端	h_1			
	b_2			
	$a_3=h_1+b_2$			
	a_2			
	$\Delta=a_3-a_2$			

实训四　经纬仪的认识和使用

一、实训目的

1）了解 DJ_6 型光学经纬仪的基本构造及各部件的功能。

2）练习仪器的对中、整平、照准、读数（要求对中误差不超过±3mm，整平误差不超过 1 小格）。

二、实训器具

DJ_6 型光学经纬仪 1 台、测钎 2 根、记录板 1 块。

三、实训内容

1）测量两个方向间的水平角。

2）使用水平度盘变换手轮进行配置度盘。

四、实训步骤

1. 安置经纬仪

将经纬仪从箱中取出，安置到三脚架上，拧紧中心连接螺旋。然后熟悉仪器构造和各部件的功能，正确使用制动螺旋、微动螺旋、调焦螺旋和脚螺旋，了解分微尺的读数方法及水平度盘变换手轮的使用。

2. 练习对中和整平

用光学对中器对中的具体操作方法如下：

（1）对中

1）将三脚架安置在测站上，使架头大致水平。

2）调整仪器的三个脚螺旋，使光学对中器的中心标志对准测站点（不要求气泡居中）。

3）伸缩三脚架腿使照准部圆水准器或管状水准器气泡大致居中（不必严格居中）。

（2）整平　使照准部水准管轴平行于两个脚螺旋的连线，转动这两个脚螺旋使水准管气泡居中，将照准部旋转90°，转动另一脚螺旋使气泡居中，在这两个位置上来回数次，直至水准管气泡在任何方向都居中。若整平后发现对中有偏差，可松开中心连接螺旋，移动照准部再进行对中，拧紧后仍需重新整平仪器，这样反复几次，就可对中、整平。

3. 测量两个方向间的水平角

松开照准部和望远镜的制动螺旋，用准星和照门瞄准左边目标，拧紧照准部和望远镜的制动螺旋，调焦使物象清晰，然后用照准部和望远镜的微动螺旋使十字丝的单丝（平分目标）或双丝（夹住目标）准确照准左目标，并读出水平度盘的读数（以 a 表示），计入手簿。松开照准部和望远镜的制动螺旋，顺时针转动照准部，如前所述再瞄准右目标，读出水平度盘的读数（以 b 表示），记入手簿。$\beta=b-a$，当 b 不够减时，将 b 加上360°。

五、注意事项

1）仪器从箱中取出前，应看好它的放置位置，以免装箱时不能恢复到原位。

2）仪器在三脚架上未固定连接好前，手必须握住仪器，不得松手，以防止仪器跌落。

3）转动望远镜或照准之前，必须先松开制动螺旋，用力要轻；一旦发现转动不灵，要及时检查原因，不可强行转动。

4）仪器装箱后要及时上锁，以防存在事故危险。

六、观测记录

水平角观测记录及计算见表S-5。

表S-5　水平角观测记录及计算

仪器型号：　　　　观测者：　　　　记录者：　　　　日期：

目标	水平度盘读数 /(°　′　″)	水平角 /(°　′　″)	备注
左目标 A			
右目标 B			
左目标 C			
右目标 D			

实训五　测回法观测水平角

一、实训目的

1）掌握测回法观测水平角的方法及工作程序。

2）掌握测回法观测水平角的记录、计算方法和各项限差要求。

二、实训器具

DJ_6 型光学经纬仪 1 台，测钎 2 根，记录板 1 块。

三、实训内容

练习用测回法观测水平角。

四、实训要求

1）每人至少测两测回。

2）对中误差小于±3mm，水准管气泡偏离不应超过一小格。

3）第一测回度盘配为 0°，其他测回改置为 180°/n。

4）上、下半测回角值差不超过±36″，各测回角值差不超过±24″。

五、实训步骤

1）仪器安置在测站上，对中、整平后，盘左照准左目标，用度盘变换手轮使起始读数略大于 0°0′0″，关上度盘变换手轮保险，将起始读数记入手簿；松开照准部制动螺旋，顺时针转动照准部，照准右目标，读数并记入手簿。这一过程称为上半测回。

2）转动望远镜，将其由盘左位置转换为盘右位置，首先照准右目标，读数并记入手簿；松开制动螺旋，逆时针旋转照准部照准左目标，读数并记入手簿。这一过程称为下半测回。（上半测回和下半测回合称为一个测回。）

3）测完第一测回后，应检查水准管气泡是否偏离；若气泡偏离值小于 1 格，则可测第二测回。第二测回开始前，始读数要设置在 90°02′左右，再重复第一测回的各步骤。当两个测回间的测回差不超过±24″时，再取平均值。

六、注意事项

1）测回法每一个单角起始方向盘左应将度盘配置在0°附近。

2）一测回观测过程中，当水准管气泡偏离值大于1格时，应整平后重测。

3）观测目标不应过粗或过细，否则单丝平分目标或双丝夹住目标均有困难。

七、观测记录

测回法水平角观测记录见表S-6，计算见表S-7。

表S-6　测回法水平角观测记录

仪器：　　测　站：　　等级：　　日期：

天气：　　观测者：　　记录者：

测站	竖盘	目标	水平度盘读数	半测回角值	一测回角值	半测回角值	备注

表S-7　测回法水平角观测计算

仪器：　　测　站：　　等级：　　日期：

天气：　　观测者：　　记录者：

测站	站点	水平度盘读数		$2c$	平均读数	一测回归零方向值	角值	备注
		盘左	盘右					
一测回					（　）			

实训六　竖直角观测

一、实训目的

1）了解竖直度盘与望远镜的转动关系以及竖盘指标与竖盘指标水准管的关系。
2）掌握竖直角的观测、记录以及指标差和竖直角的计算。

二、实训器具

DJ_6 光学经纬仪 1 台，记录板 1 板。

三、实训内容

通过用盘左、盘右观测一高处目标进行竖直角观测的练习。

四、实训要求

1）每人照准一目标观测两个测回。
2）两测回的竖直角及指标差之差均小于 24"。

五、实训步骤

1）盘左照准目标，用竖盘指标水准管的微倾螺旋使竖盘指标水准管气泡居中，读取竖盘读数，记入手簿。
2）盘右瞄准目标，再次使竖盘气泡居中，读数并记入手簿。
3）按公式 $\alpha = \frac{(R - L) - 180°}{2}$ 计算角度值。

六、观测记录

竖直角观测记录见表 S-8。

表 S-8　竖直角观测记录

仪器：　　　　测站：　　　　日期：
天气：　　　　观测者：　　　　开始时间：
成像：　　　　记录者：　　　　结束时间：

测站	目标	竖盘位置	竖盘读数 /(°　′　″)	指标差 /(″)	竖直角 /(°　′　″)	备注

（续）

测站	目标	竖盘位置	竖盘读数 /(° ′ ″)	指标差 /(″)	竖直角 /(° ′ ″)	备注

实训七　经纬仪的检验与校正㊀

一、实训目的

1）掌握经纬仪应满足的几何条件，并检验这些几何条件是否满足要求。

2）初步掌握照准部水准管、视准轴、十字丝和竖盘指标水准管的校正方法。

二、实训器具

DJ_6 光学经纬仪 1 台，校正针 1 根，旋具 1 把，记录板 1 块，花杆 2 根。

三、实训内容

1）照准部水准管轴的检验与校正。

2）十字丝竖丝的检验与校正。

3）视准轴的检验与校正。

4）横轴的检验与校正。

5）竖盘指标差的检验与校正。

四、实训要求

只检验，不校正。各项内容经检验后，若发现条件不满足，弄清要校正时应该拨动哪些校正螺钉即可。

五、实训步骤

1. 照准部水准管轴的检验与校正

（1）检验　安置好仪器后，调节两个脚螺旋，使水准管气泡严格居中，旋

㊀ 本实训不是必修，各校可根据实际情况选修。

转照准部 180°，若气泡偏离中心大于 1 格，则需校正。

（2）校正　拨动水准管的校正螺钉，使气泡返回偏离格值的一半，另一半用脚螺旋调节，使气泡居中。若气泡偏离值小于 1 格，一般可不校正。

2. 十字丝竖丝垂直于横轴的检验与校正

（1）检验　用十字丝交点照准一个明显的点目标，转动望远镜微动螺旋，若该目标离开竖丝，则需要校正。

（2）校正　旋下望远镜前护罩，旋松十丝分划板座的 4 个固定螺旋，微微转动十字丝环，使竖丝末端与该目标重合。重复上述检验，满足要求后，再旋紧 4 个固定螺旋并装上护罩。

3. 视准轴垂直于横轴的检验与校正

（1）检验　在仪器到墙的相反方向上，相等距离处立花杆，视线水平时在花杆上做一标志 A。用盘右精确瞄准 A，纵转望远镜，仍使视线水平，在墙上标出 $B1$；再用盘右瞄准 A，纵转望远镜，在墙上标出 $B2$。若两点不重合且间距大于 2cm，则需校正（仪器距离墙为 30cm 左右）。

（2）校正　在 $B1$、$B2$ 两点之间的 1/4 处定出一点 B，即为十字丝中心应照准的正确位置。取下十字丝分划板护罩，拨动十字丝分划板左、右校正螺钉，使十字丝交点对准 B 点。

4. 横轴垂直于竖轴的检验与校正

（1）检验　盘左瞄准楼房处一目标 P，松开望远镜制动螺旋，慢慢将望远镜放到水平位置，在墙上标出一点 a；盘右再瞄准 P 点，将望远镜放到水平位置后标出一点 b。若 a、b 两点不重合，相距超过规定限差，应进行校正。

（2）校正　用十字丝交点照准 a、b 的中点，然后将望远镜上翘仰视 P 点；取下左边支架盖板（盘右时），松开偏心环（轴瓦）的固定螺旋，转动偏心环，使十字丝交点对准 P 点，最后拧紧偏心环固定螺钉，盖上护盖。

5. 竖盘指标差的检验与校正

（1）检验　瞄准一个明显的小目标，读取盘左、盘右的竖盘读数 L 和 R，按公式 $x=\dfrac{(L-R)-360°}{2}$ 计算出指标差。若指标差大于 60″，则应校正。

（2）校正　先算出盘右的竖盘正确读数 $R'=R-x$，以盘右照准原目标，用指标水准管微倾螺旋使竖盘读数变为正确读数，此时指标水准管气泡偏离中心；旋下指标水准管校正螺钉的护盖，再用校正针将指标水准管气泡调至居中，然后重复检验一次。

实训八　钢尺量距

一、实训目的

掌握钢尺量距的观测、记录和计算。

二、实训仪具

经纬仪 1 台，水准尺 1 根，小钢尺 1 把，记录板 1 块。

三、实训内容

练习钢尺量距的观察与记录。

四、实训步骤

1）经纬仪定线。
2）钢尺量距。
3）高差改正。
4）计算相对误差（检核）。

五、注意事项

1）定线要准确。
2）读数时，前后尺同时读数。

六、观测记录

钢尺量距记录见表 S-9，计算见表 S-10。

表 S-9　钢尺量距记录

仪器：　　　　　　测站：　　　　　　日期：
天气：　　　　　　观测者：　　　　　开始时间：
成像：　　　　　　记录者：　　　　　结束时间：

测段	尺段	后尺读数/m	前尺读数/m	尺段长度/m	高差/m	高差校正/m
AB（往测）	*A*1					
	12					
	2*B*					

（续）

测段	尺段	后尺读数/m	前尺读数/m	尺段长度/m	高差/m	高差校正/m
BA(返测)	B2					
	21					
	1A					

表 S-10　钢尺量距计算表

测段	概略长度/m	高差改正/m	改正长度/m
往测			
返测			

相对误差 K=________/________

D_{AB}=__________m

实训九　视 距 测 量

一、实训目的

掌握视距测量的观测、记录和计算

二、实训仪具

经纬仪 1 台，水准尺 1 根，小钢尺 1 把，记录板 1 块。

三、实训内容

练习经纬仪视距测量的观察与记录。

四、实训要求

1）每人测量周围 4 个固定点，将观察数据记录在实训报告中，并用计算器算出各点的水平距离与高差。

2）水平角、竖直角读数到 1′，水平距离和高差均计算至 0. 1m。

五、实训步骤

1）在测站上安置经纬仪，对中、整平后，量取仪器高 i（精确到厘米），设测站点地面高程为 H_0。

2）选择若干个地形点，在每个点上立水准尺，读取上、下丝读数，中丝读数 v（可取与仪器高相等，即 $v=i$），竖盘读数 L 并分别记入视测量手簿。竖盘读数时，竖盘指标水准管气泡应居中。

3）用公式 $D=kl\cos^2\alpha$、$h=D\tan\alpha+i-v$ 计算平距和高差。用公式 $H_i=H_0+D\tan\alpha+i-v$ 计算高程。

六、注意事项

1）视距测量前应校正竖盘指标差。

2）标尺应严格竖直。

3）仪器高度、中丝读数和高差计算精确到厘米，平距精确到分米。

4）一般用上丝对准尺上整米读数，读取下丝在尺上的读数，算出视距。

七、观测记录

视距测量记录见表 S-11。

表 S-11　视距测量记录

测站名称：　　　　测站高程：　　　　仪器高：　　　　时间：

点号	视距读数		视距/m	中丝读数/m	竖盘读数	平距	高差	高程
	上丝	下丝			(°　′　°)	/m	/m	/m

实训十　全站仪的认识与使用[㊀]

一、实训目的

1）了解全站仪的基本构造及各部件的功能。

㊀ 本实训不是必修，各校可根据实际情况选修。

2）练习仪器的距离、角度、高差的测定与测设。

二、实训器具

全站仪1台，棱镜2支，记录板1块。

三、实训步骤

1）测量两个方向间的水平角，已知角度的测设。
2）测量两点之间的距离，已知距离的测设。
3）测量两点之间的高差，已知高差的测设。

四、注意事项

1）仪器从箱中取出前，应看好它的放置位置，以免装箱时不能恢复到原位。

2）仪器在三脚架上未固定连接好前，手必须握住仪器，不得松手，以防止仪器跌落。

3）转动望远镜或照准之前，必须先松开制动螺旋，用力要轻；一旦发现转动不灵，要及时检查原因，不可强行转动。

4）仪器装箱后要及时上锁，以防存在事故危险。

试　题　库

一、填空题

1. 地面点到________的铅垂距离称为该点的相对高程。

2. 通过________海水面的________称为大地水准面。

3. 测量工作的基本内容是________、________、________。

4. 测量使用的平面直角坐标是以________为坐标原点，以________为 x 轴，以________为 y 轴。

5. 地面点位若用地理坐标表示，应为________、________和绝对高程。

6. 地面两点间高程之差，称为该两点间的________。

7. 在测量中，将地表面当平面对待，指的是在________范围内，距离测量数据不至于影响测量成果的精度。

8. 测量学的分类，大致可分为__________，__________，__________，________。

9. 地球是一个旋转的椭球体，如果把它看作圆球，其半径的概值为________km。

10. 我国的珠穆朗玛峰顶的绝对高程为________m。

11. 地面点的经度为该点的子午面与________所夹的________角。

12. 地面点的纬度为该点的铅垂线与________所组成的角度。

13. 测量工作的程序是________________、________________________。

14. 测量学的任务是____。

15. 直线定向的标准方向有________、________、________________。

16. 由________方向顺时针转到测线的水平夹角称为直线的坐标方位角。

17. 距离丈量的相对误差的公式为________________。

18. 坐标方位角的取值范围是________。

19. 确定直线方向的工作称为________，用目估法或经纬仪法把许多点标定在某一已知直线上的工作为________。

20. 距离丈量是用________误差来衡量其精度的，该误差是用分子为______的________形式来表示。

21. 用平量法丈量距离的三个基本要求是____________、____________、________。

22. 直线的象限角是指直线与标准方向的北端或南端所夹的________角，并要标注所在象限。

23. 某点磁偏角为该点的________方向与该点的________方向的夹角。

24. 某直线的方位角与该直线的反方位角相差________________。

25. 地面点的标志，按保存时间长短可分为________和________。

26. 丈量地面两点间的距离，指的是两点间的________距离。

27. 某直线的方位角为123°20′，则它的反方位角为________。

28. 水准仪的检验和校正的项目有________、________、______________。

29. 水准仪主要轴线之间应满足的几何关系为__________、____________、________。

30. 由于水准仪校正不完善而剩余的 i 角误差对一段水准路线高差值的影响是________成正比的。

31. 闭和水准路线高差闭和差的计算公式为________________________。

32. 水准仪的主要轴线有________、________、________、________。

33. 水准测量中，转点的作用是____________，在同一转点上，既有______读数，又有________读数。

34. 水准仪上圆水准器的作用是使仪器________，管水准器的作用是使仪器________。

35. 通过水准管________与内壁圆弧的________为水准管轴。

36. 转动物镜对光螺旋的目的是使________影像________________。

37. 一般工程水准测量高程差允许闭和差为________或________________。

38. 一测站的高差 h_{ab} 为负值时，表示________高，________低。

39. 用高差法进行普通水准测量的计算校核的公式是________________。

40. 微倾水准仪由________、________、________________三部分组成。

41. 通过圆水准器内壁圆弧零点的________称为圆水准器轴。

42. 微倾水准仪精平操作是旋转________使水准管的气泡居中，符合影像符合。

43. 水准测量高差闭合的调整方法是将闭合差反其符号，按各测段的________成比例分配或按________成比例分配。

44. 用水准仪望远镜筒上的准星和照门照准水准尺后，在目镜中看到图像不清晰，应该旋转________螺旋，若十字丝不清晰，应旋转________螺旋。

45. 水准点的符号，采用英文字母________表示。

46. 水准测量的测站校核，一般用________法或________法。

47. 支水准路线，既不是附合路线，也不是闭合路线，要求进行________测量，才能求出高差闭合差。

48. 水准测量时，由于尺竖立不直，该读数值比正确读数________。

49. 水准测量的转点，若找不到坚实稳定且凸起的地方，必须用________踩实后立尺。

50. 为了消除 i 角误差，每站前视、后视距离应________，每测段水准路线的前视距离和后视距离之和应________。

51. 水准测量中丝读数时，不论是正像或倒像，应由________到________，并估读到________。

52. 测量时，记录员应对观测员读的数值，再________一遍，无异议时，才可记录在表中。记录有误，不能用橡皮擦拭，应________。

53. 使用测量成果时，对未经________的成果，不能使用。

54. 从 A 到 B 进行往返水准测量，其高差为：往测 3.625m；返测-3.631m，则 A、B 之间的高差 $h_{AB}=$________。

55. 已知 B 点高程为 241.000m，A、B 点间的高差 $h_{AB}=+1.000$m，则 A 点高程为________。

56. A 点在大地水准面上，B 点在高于大地水准面 100m 的水准面上，则 A 点的绝对高程是________，B 点的绝对高程是________。

57. 在水准测量中，水准仪安装在两立尺点等距处，可以消除__________。

58. 已知 A 点相对高程为 100m，B 点相对高程为-200m，则高差 $h_{AB}=$________；若 A 点在大地水准面上，则 B 点的绝对高程为________。

59. 在进行水准测量时，对地面上 A、B、C 点的水准尺读取读数，其值分别为 1.325m、1.005m、1.555m，则高差 $h_{AB}=$________，$h_{BC}=$________，$h_{CA}=$________。

60. 经纬仪的安置工作包括________和________。

61. 竖直角就是在同一竖直面内，________与________之夹角。

62. 用 J_6 级经纬仪观测竖角，盘右时竖盘读数为 $R=260°00'12''$已知竖盘指标差 $x=-12''$，则正确的竖盘读数为________。

63. 经纬仪的主要几何轴线有________、________、________、________。

64. 经纬仪安置过程中，整平的目的是使________，对中的目的是使仪器________与________点位于同一铅垂线上。

65. 根据水平角的测角原理，经纬仪的视准轴应与________相垂直。

66. 当经纬仪的竖轴位于铅垂线位置时，照准部的水准管气泡应在任何位置都________。

67. 整平经纬仪时，先将水准管与一对脚螺旋连线________，转动两脚螺旋使气泡居中，再转动照准部________，调节另一脚螺旋使气泡居中。

68. 经纬仪各轴线间应满足下列几何关系：________，______，______，________，________。

69. 竖盘指标差是指当________水平，指标水准管气泡居中时，________没指向________所产生的读数差值。

70. 用测回法测定某目标的竖直角，可消除________误差的影响。

71. 经纬仪竖盘指标差计算公式为________。

72. 水平制动螺旋经检查没有发现问题，但在观测过程中发现微动螺旋失效，其原因是________。

73. 竖盘读数前必须将________居中，否则该竖盘读数________。

74. 测微尺的最大数值是度盘的________。

75. 经纬仪由________、________、________三部分组成。

76. 经纬仪是测定角度的仪器，它既能观测________角，又可以观测________角。

77. 水平角是经纬仪置测站点后，所照准两目标的视线，在________投影面上的夹角。

78. 竖直角有正、负之分，仰角为________，俯角为________。

79. 竖直角为照准目标的视线与该视线所在竖面上的________之夹角。

80. 经纬仪在检、校中，视准轴应垂直于横轴的检验有两种方法。它们分别为________和________。

81. 经纬仪竖盘指标差为零，当望远镜视线水平，竖盘指标水准管气泡居中时，竖盘读数应为________。

82. 用测回法观测水平角，可以消除仪器误差中的__________、________、________。

83. 导线的布置形式有________、________、________。

84. 控制测量分为________和________控制。

85. 闭和导线的纵横坐标增量之和理论上应为________，但由于有误差存在，实际不为________，应为________。

86. 导线测量的外业工作是________、________、________。

87. 闭和导线坐标计算过程中，闭合差的计算与调整有________、________。

88. 观测水平角时，观测方向为两个方向时，其观测方法采用________测角，三个以上方向时采用________测角。

89. 小区域平面控制网一般采用________和________。

90. 一对双面水准尺的红、黑面的零点差应为________、________。

91. 四等水准测量，采用双面水准尺时，每站有________个前、后视读数。

92. 在方向观测法中，2c 互差是________各方向之间的________。

93. 地面上有 A、B、C 三点，已知 AB 边的坐标方位角为 35°23′，又测得左夹角为 89°34′，则 CB 边的坐标方位角为________。

94. 设 A、B 两点的纵坐标分别为 500m、600m，则纵坐标增量 Δx_{BA} = _______。

95. 设有闭合导线 $A—B—C—D$，算得纵坐标增量为 Δx_{AB} = +100.00m，Δx_{BC} = −50.00m，Δx_{CD} = −100.03m，Δx_{AD} = +50.01m，则纵坐标增量闭合差 f_x = ________。

96. 在同一幅图内，等高线密集表示________，等高线稀疏表示________，等高线平距相等表示________。

97. 平板仪的安置包括________、________、________三项工作。

98. 等高线是地面上________相等的________的连线。

99. 在碎部测量中采用视距测量法，不论视线水平或倾斜，视距是从______到________的距离。

100. 若知道某地形图上线段 AB 的长度是 3.5cm，而该长度代表实地水平距离为 17.5m，则该地形图的比例尺为________，比例尺精度为________。

二、单项选择题

1. 地面点到高程基准面的垂直距离称为该点的（　　　）。

A. 相对高程　　B. 绝对高程　　C. 高差

2. 地面点的空间位置是用（　　　）来表示的。

A. 地理坐标　　B. 平面直角坐标　　C. 坐标和高程

3. 绝对高程的起算面是（　　　）。

A. 水平面　　B. 大地水准面　　C. 假定水准面

4. 某段距离的平均值为 100mm，其往返较差为 +20mm，则相对误差为(　　　)。

A. 0.02/100　　B. 0.002　　C. 1/5000

5. 已知直线 AB 的坐标方位角为 186°，则直线 BA 的坐标方位角为(　　　)。

A. 96°　　B. 276°　　C. 6°

6. 在距离丈量中衡量精度的方法是用（　　　）。

A. 往返较差　　B. 相对误差　　C. 闭合差

7. 坐标方位角是以（　　　）为标准方向，顺时针转到测线的夹角。

A. 真子午线方向　　B. 磁子午线方向　　C. 坐标纵轴方向

8. 距离丈量的结果是求得两点间的（　　　）。

A. 斜线距离　　B. 水平距离　　C. 折线距离

9. 往返丈量直线 AB 的长度为 D_{AB} = 126.72m，D_{BA} = 126.76m，其相对误差

为（　　　　）。

A. $K=1/3100$　　　　B. $K=1/3200$　　　　C. $K=0.000315$

10. 在水准测量中转点的作用是传递（　　　　）。

A. 方向　　　　B. 高程　　　　C. 距离

11. 圆水准器轴是圆水准器内壁圆弧零点的（　　）。

A. 切线　　　　B. 法线　　　　C. 垂线

12. 水准测量时，为了消除 i 角误差对一测站高差值的影响，可将水准仪置在（　　　　）处。

A. 靠近前尺　　　　B. 两尺中间　　　　C. 靠近后尺

13. 产生视差的原因是（　　　　）。

A. 仪器校正不完善

B. 物像有十字丝面未重合

C. 十字丝分划板位置不正确

14. 高差闭合差的分配原则为（　　　　）成正比例进行分配。

A. 与测站数　　　　B. 与高差的大小　　　　C. 与距离或测站数

15. 附合水准路线高差闭合差的计算公式为（　　　　）。

A. $f_h = |h_{往}| - |h_{返}|$

B. $f_h = \sum h$

C. $f_h = \sum h - (H_{终} - H_{始})$

16. 水准测量中，同一测站，当后尺读数大于前尺读数时说明后尺点(　　　　)。

A. 高于前尺点　　　　B. 低于前尺点　　　　C. 高于测站点

17. 水准测量中要求前后视距离相等，其目的是为了消除（　　　　）的误差影响。

A. 水准管轴不平行于视准轴

B. 圆水准轴不平行于仪器竖轴

C. 十字丝横丝不水平

18. 视准轴是指（　　　　）的连线。

A. 物镜光心与目镜光心

B. 目镜光心与十字丝中心

C. 物镜光心与十字丝中心

19. 往返水准路线高差平均值的正负号是以（　　　　）的符号为准。

A. 往测高差　　　　B. 返测高差　　　　C. 往返测高差的代数和

20. 在水准测量中设 A 为后视点，B 为前视点，并测得后视点读数为 1.124m，前视读数为 1.428m，则 B 点比 A 点（　　　　）。

A. 高　　B. 低　　C. 等高

21. 自动安平水准仪的特点是（　　）使视线水平。

A. 用安平补偿器代替管水准仪

B. 用安平补偿器代替圆水准器

C. 用安平补偿器和管水准器。

22. 在进行高差闭合差调整时，某一测段按测站数计算每站高差改正数的公式为（　　）。

A. $v_i = f_h / n$（n 为测站数）

B. $v_i = f_h / S$（S 为测段距离）

C. $v_i = -f_h / n$

23. 圆水准器轴与管水准器轴的几何关系为（　　）。

A. 互相垂直　　B. 互相平行　　C. 相交

24. 从观察窗中看到符合水准气泡影像错动间距较大时，需（　　）使符合水准气泡影像符合。

A. 转动微倾螺旋　　B. 转动微动螺旋　　C. 转动三个螺旋

25. 转动目镜对光螺旋的目的是（　　）。

A. 看清十字丝　　B. 看清远处目标　　C. 消除视差

26. 消除视差的方法是（　　）使十字丝和目标影像清晰。

A. 转动物镜对光螺旋

B. 转动目镜对光螺旋

C. 反复交替调节目镜及物镜对光螺旋

27. 转动三个脚螺旋使水准仪圆水准气泡居中的目的是（　　）。

A. 使仪器竖轴处于铅垂位置

B. 提供一条水平视线

C. 使仪器竖轴平行于圆水准轴

28. 水准仪安置符合棱镜的目的是（　　）。

A. 易于观察气泡的居中情况

B. 提高管气泡居中的精度

C. 保护管水准气泡

29. 当经纬仪的望远镜上下转动时，竖直度盘（　　）。

A. 与望远镜一起转动　　B. 与望远镜相对运动　　C. 不动

30. 当经纬仪竖轴与目标点在同一竖面时，不同高度的水平度盘读数(　　)。

A. 相等　　B. 不相等　　C. 有时不相等

31. 经纬仪视准轴检验和校正的目的是（　　）。

A. 使视准轴垂直横轴

B. 使横轴垂直于竖轴

C. 使视准轴平行于水准管轴

32. 采用盘左、盘右的水平角观测方法，可以消除（　　　　）误差。

A. 对中　　　　　　　　B. 十字丝的竖丝不铅垂

C. $2c$

33. 用回测法观测水平角，测完上半测回后，发现水准管气泡偏离 2 格多，在此情况下应（　　　　）。

A. 继续观测下半测回

B. 整平后观测下半测回

C. 整平后全部重测

34. 在经纬仪照准部的水准管检、校过程中，大致整平后使水准管平行于一对脚螺旋，把气泡居中，当照准部旋转 180°后，气泡偏离零点，说明（　　　　）。

A. 水准管不平行于横轴

B. 仪器竖轴不垂直于横轴

C. 水准管轴不垂直于仪器竖轴

35. 测量竖直角时，采用盘左、盘右观测，其目的之一是可以消除（　　　　）误差的影响。

A. 对中

B. 视准轴不垂直于横轴

C. 指标差

36. 用经纬仪观测水平角时，尽量照准目标的底部，其目的是为了消除（　　　　）误差对测角的影响。

A. 对中　　　　　　　　B. 照准　　　　　　　　B. 目标偏离中心

37. 用测回法观测水平角，若右方目标的方向值 $\alpha_{右}$ 小于左方目标的方向值 $\alpha_{左}$，水平角 β 的计算方法是（　　　　）。

A. $\beta=\alpha_{左}-\alpha_{右}$　　　　B. $\beta=\alpha_{右}-180°-\alpha_{左}$　　　　C. $\beta=\alpha_{右}+360°-\alpha_{左}$

38. 地面上两相交直线的水平角是（　　　　）的夹角。

A. 这两条直线的实际

B. 这两条直线在水平面的投影线

C. 这两条直线在同一竖直上的投影

39. 经纬仪安置时，整平的目的是使仪器的（　　　　）。

A. 竖轴位于铅垂位置，水平度盘水平

B. 水准管气泡居中

C. 竖盘指标处于正确位置

40. 经纬仪的竖盘按顺时针方向注记，当视线水平时，盘左竖盘读数为 90°，用该仪器观测一高处目标，盘左读数为 75°10′24″，则此目标的竖角为（　　　）。

A. 57°10′24″　　B. −14°49′36″　　C. 14°49′36″

41. 经纬仪在盘左位置时将望远镜大致置平，使其竖盘读数在 0°左右，望远镜物镜端抬高时读数减少，其盘左的竖直角公式为（　　　）。

A. $\alpha_{左}=90°-L$

B. $\alpha_{左}=0°-L$ 或 $\alpha_{左}=360°-L$

C. $\alpha_{左}=L-90°$

42. 竖直指标水准管气泡居中的目的是（　　　）。

A. 使度盘指标处于正确位置

B. 使竖盘处于铅垂位置

C. 使竖盘指标指向 90°

43. 若经纬仪的视准轴与横轴不垂直，在观测水平角时，其盘左盘右的误差影响是（　　　）。

A. 大小相等　　B. 大小相等，符号相同　　C. 大小不等，符号相同

44. 测定一点竖直角时，若仪器高不同，但都瞄准目标同一位置，则所测竖直角（　　　）。

A. 相同　　B. 不同　　C. 可能相同也可能不同

45. 在全圆测回法的观测中，同一盘位起始方向的两次读数之差叫做(　　　)。

A. 归零差　　B. 测回差　　C. 2c 互差

46. 四等水准测量中，黑面高差减红面高差±0.1m 应不超过（　　　）。

A. 2mm　　B. 3mm　　C. 5mm

47. 用导线全长相对闭合差来衡量导线测量精度的公式是（　　　）。

A. $K=\frac{M}{D}$　　B. $K=\frac{1}{(D/|\Delta D|)}$　　C. $K=\frac{1}{(\sum D/f_D)}$

48. 在两端有基线的小三角锁基线闭合差的计算中，传距角 a_i、b_i 是用(　　　)。

A. 实测角值

B. 经过第二次改正后的角值

C. 经过角度闭合差调整后的角值

49. 导线的坐标增量闭合差调整后，应使纵、横坐标增量改正数之和等于(　　　)。

A. 纵、横坐标增值量闭合差，其符号相同

B. 导线全长闭合差，其符号相同

C. 纵、横坐标增量闭合差，其符号相反

50. 在全圆测回法中，同一测回不同方向之间的 $2c$ 值为 $-18''$、$+2''$、0、$+10''$，其 $2c$ 互差应为（　　）。

A. 28″　　B. −18″　　C. 1.5″

51. 基线丈量的精度用相对误差来衡量，其表示形式为（　　）。

A. 平均值中误差与平均值之比

B. 丈量值中误差与平均值之比

C. 平均值中误差与丈量值之和之比

52. 导线的布置形式有（　　）。

A. 一级导线、二级导线、图根导线

B. 单向导线、往返导线、多边形导线

C. 闭合导线、附合导线、支导线

53. 导线测量的外业工作是（　　）。

A. 选点、测角、量边

B. 埋石、造标、绘草图

C. 距离丈量、水准测量、角度测量

54. 导线角度闭合差的调整方法是将闭合差反符号后（　　）。

A. 按角度大小成正比例分配

B. 按角度个数平均分配

C. 按边长成正比例分配

55. 导线坐标增量闭合差的调整方法是将闭合差反符号后（　　）。

A. 按角度个数平均分配

B. 按导线边数平均分配

C. 按边长成正比例分配

56. 等高距是两相邻等高线之间的（　　）。

A. 高程之差　　B. 平距　　C. 间距

57. 当视线倾斜进行视距测量时，水平距离的计算公式是（　　）。（式中，k 为视距乘常数，C 为视距加常数，l 为尺间距，α 为竖直角）

A. $D=kl+C$　　B. $D=kl\cos\alpha$　　C. $D=kl\cos^2\alpha$

58. 一组闭合的等高线是山丘还是盆地，可根据（　　）来判断。

A. 助曲线　　B. 首曲线　　C. 高程注记

59. 在比例尺为 1∶2000，等高距为 2m 的地形图上，如果按照指定坡度 $i=5\%$，从坡脚 A 到坡顶 B 来选择路线，其通过相邻等高线时在图上的长度为（　　）。

A. 10mm　　B. 20mm　　C. 25mm

60. 两不同高程的点，其坡度应为两点（　　　　）之比，再乘以 100%。

A. 高差与其平距　　B. 高差与其斜距　　C. 平距与其斜距

61. 视距测量是用望远镜内视距丝装置，根据几何光学原理同时测定两点间的（　　　　）的方法。

A. 距离和高差　　B. 水平距离和高差　　C. 距离和高程

62. 在一张图纸上等高距不变时，等高线平距与地面坡度的关系是（　　　　）。

A 平距大则坡度小　　B. 平距大则坡度大　　C. 平距大则坡度不变

63. 地形测量中，若比例尺精度为 b，测图比例尺为 1 : M，则比例尺精度与测图比例尺大小的关系为（　　　　）。

A. b 与 M 无关　　B. b 与 M 成正比　　C. b 与 M 成反比

64. 在地形图上表示的方法是用（　　　　）。

A. 比例符号、非比例符号、线形符号和地物注记

B. 地物符号和地貌符号

C. 计曲线、首曲线、间曲线，助曲线

65. 若地形点在图上的最大距离不能超过 3cm，对于比例尺为 1/500 的地形图，相应地形点在实地的最大距离应为（　　　　）。

A. 15m　　B. 20m　　C. 30m

66. 在实际施工放线中，由于安仪器的点和轴线已经修建了房子，为了安置经纬仪，必须进行（　　　　）。

A. 拆房子　　B. 挖墙脚

C. 轴线平移　　D. 都不用

67. 在实际施工中，要进行亭子室内平面地面铺装，除了用水准仪进行抄平外，还可以用以下什么方法（　　　　）。

A. 经纬仪　　B. 水管

C. 标杆　　D. 目测

68. 在确定房屋直角点时，由于现场没有经纬仪，不能用经纬仪来放出 90° 墙角点，但赶工期当天之内必须要放出直角，应该用什么方法来确定直角（　　　　）。

A. 水准仪　　B. 标杆

C. 卷尺（勾三股四弦五）　　D. 水准尺

三、多项选择题

1. 设 A 点为后视点，B 点为前视点，后视读数 $a = 1.24$m，前视读数 $b = 1.428$m，则（　　　　）。

A. $h_{AB} = -0.304$m　　B. 后视点比前视点高

C. 若 A 点高程 $H_A=202.016\text{m}$，则视线高程为 203.140m

D. 若 A 点高程 $H_A=202.016\text{m}$，则前视点高程为 202.320m

E. 后视点比前视点低

2. 微倾式水准仪应满足如下几何条件（　　）。

A. 水准管轴平行于视准轴　　B. 横轴垂直于仪器竖轴

C. 水准管轴垂直于仪器竖轴　　D. 圆水准器轴平行于仪器竖轴

E. 十字丝横丝应垂直于仪器竖轴

3. 在 A、B 两点之间进行水准测量，得到满足精度要求的往、返测高差为 $h_{AB}=+0.005\text{m}$，$h_{BA}=-0.009\text{m}$。已知 A 点高程 $H_A=417.462\text{m}$，则（　　）。

A. B 的高程为 417.460m　　B. B 点的高程为 417.469m

C. 往、返测高差闭合差为+0.014m　　D. B 点的高程为 417.467m

E. 往、返测高差闭合差为-0.004m

4. 在水准测量时，若水准尺倾斜时，其读数值（　　）。

A. 当水准尺向前或向后倾斜时增大　　B. 当水准尺向左或向右倾斜时减少

C. 总是增大　　D. 总是减少

E. 不论水准尺怎样倾斜，其读数值都是错误的

5. 光学经纬仪应满足下列几何条件（　　）。

A. $HH \perp VV$　　B. $LL \perp VV$

C. $CC \perp HH$　　D. $LL \perp CC$

6. 用测回法观测水平角，可以消除（　　）误差。

A. $2c$　　B. 误差

C. 指标差　　D. 横轴误差和大气折光误差

E. 对中误差

7. 方向观测法观测水平角的测站限差有（　　）。

A. 归零差　　B. $2c$ 误差

C. 测回差　　D. 竖盘指标差

E. 阳光照射的误差。

8. 若 AB 直线的坐标方位角与其真方位角相同时，则 A 点位于（　　）。

A. 赤道上　　B. 中央子午线上

C. 高斯平面直角坐标系的纵轴上　　D. 高斯投影带的边缘上

E. 中央子午线左侧

9. 用钢尺进行直线丈量，应（　　）。

A. 尺身放平　　B. 确定好直线的坐标方位角

C. 丈量水平距离　　D. 目估或用经纬仪定线

E. 进行往返丈量

10. 闭合导线的角度闭合差与（　　　　）。

A. 导线的几何图形无关
B. 导线的几何图形有关
C. 导线各内角和的大小有关
D. 导线各内角和的大小无关
E. 导线的起始边方位角有关

11. 经纬仪对中的基本方法有（　　　　）。

A. 光学对点器对中
B. 垂球队中
C. 目估对中
D 对中杆对中
E. 其他方法对中

12. 高差闭合差调整的原则是按（　　　　）成比例分配。

A. 高差大小
B. 测站数
C. 水准路线长度
D. 水准点间的距离
E. 往返测站数总和

13. 平面控制测量的基本形式有（　　　　）。

A. 导线测量
B. 水准测量
C. 三角测量
D. 距离测量
E. 角度测量

14. 经纬仪可以测量（　　　　）。

A. 磁方位角
B. 水平角
C. 水平方向值
D. 竖直角
E. 象限角

15. 在测量内业计算中，其闭合差按反号分配的有（　　　　）。

A. 高差闭合差
B. 闭合导线角度闭合差
C. 附合导线角度闭合差
D. 坐标增量闭合差
E. 导线全长闭合差

16. 水准测量中，使前后视距大致相等，可以消除或削弱（　　　　）。

A. 水准管轴不平行视准轴的误差
B. 地球曲率产生的误差
C. 大气折光产生的误差
D. 阳光照射产生的误差
E. 估读数差

17. 下列误差中（　　　　）为偶然误差。

A. 估读误差
B. 照准误差
C. 2*c* 误差
D. 指标差
E. 横轴误差

18. 确定直线的方向，一般用（　　　　）来表示。

A. 方位角
B. 象限角
C. 水平角
D. 竖直角

E. 真子午线方向

19. 导线坐标计算的基本方法是（　　　）。

A. 坐标正算　　B. 坐标反算

C. 坐标方位角推算　　D. 高差闭合差调整

E. 导线全长闭合差计算

20. 四等水准测量一测站的作业限差有（　　　）。

A. 前、后视距差　　B. 高差闭合差

C. 红、黑面读数差　　D. 红黑面高差之差

E. 视准轴不平行水准管轴的误差

21. 大比例尺地形图是指（　　　）的地形图。

A. 1：500　　B. 1：5000

C. 1：2000　　D. 1：10000

E. 1：100000

22. 地形图的图式符号有（　　　）。

A. 比例符号　　B. 非比例符号

C. 等高线注记符号　　D. 测图比例尺

23. 等高线按其用途可分为（　　　）。

A. 首曲线　　B. 计曲线

C. 间曲线　　D. 示坡线

E. 山脊线和山谷线

24. 等高线具有哪些特性（　　　）。

A. 等高线不能相交　　B. 等高线是闭合曲线

C. 山脊线不与等高线正交　　D. 等高线平距与坡度成正比

E. 等高线密集表示陡坡

25. 视距测量可同时测定两点间的（　　　）。

A. 高差　　B. 高程

C. 水平距离　　D. 高差与平距

E. 水平角

26. 平板仪安置包括（　　　）。

A. 对点　　B. 整平

C. 度盘归零　　D. 定向

E. 标定图板北方向

27. 在地形图上可以确定（　　　）。

A. 点的空间坐标　　B. 直线的坡度

C. 直线的坐标方位角　　D. 确定汇水面积

E. 估算土方量

28. 测量工作的原则是（　　　　）。

A. 由整体到局部　　B. 先测角后量距

C. 在精度上由高级到低级　　D. 先控制后碎部

E. 先进行高程控制测量后进行平面控制测量

29. 测量的基准面是（　　　　）。

A. 大地水准面　　B. 水准面

C. 水平面　　D. 竖直面

E. 1985 年国家大地坐标系

30. 高程测量按使用的仪器和方法不同分为（　　　　）。

A. 水准面测量　　B. 闭合路线水准测量

C. 附合路线水准测量　　D. 三角高程测量

E. 三、四、五等水准测量

31. 影响水准测量成果的误差有（　　　　）。

A. 视差未消除　　B. 水准尺未竖直

C. 估读毫米数不准　　D. 地球曲率和大气折光

E. 阳光照射和风力太大

32. 当经纬仪竖轴与仰视、平视、俯视的三条视线位于同一竖直面内时，其水平度盘读数值（　　　　）。

A. 相等　　B. 不等

C. 均等于平视方向的读数值　　D. 仰视方向读数值比平视度盘读数值大

E. 俯视方向读数值比平视方向读数值小

33. 影响角度测量成果的主要误差是（　　　　）。

A. 仪器误差　　B. 对中误差

C. 目标偏误差　　D. 竖轴误差

E. 照准估读误差

34. 确定直线方向的标准方向有（　　　　）。

A. 坐标纵轴方向　　B. 真子午线方向

C. 指向正北的方向　　D. 磁子午线方向

E. 直线方向

35. 全站仪的主要技术指标有（　　　　）。

A. 最大测程　　B. 测距标称精度

C. 测角精度　　D. 放大倍率

E. 自动化和信息化程度

36. 全站仪由（　　　　）组成。

A. 光电测距仪　　　　　　　　　B. 电子经纬仪

C. 多媒体计算机数据处理系统　　D. 高精度的光学经纬仪

37. 全站仪除能自动测距、测角外，还能快速完成一个测站所需完成的工作，包括（　　）。

A. 计算平距、高差　　　　　　　B. 计算三维坐标

C. 按水平角和距离进行放样测量　D. 按坐标进行放样

E. 将任一方向的水平角置为0°00′00″

38. 导线测量的外业工作包括（　　）。

A. 踏选点及建立标志　　　　　　B. 量边或距离测量

C. 测角　　　　　　　　　　　　D. 连测

E. 进行高程测量

39. 闭合导线和附合导线内业计算的不同点是（　　）。

A. 方位角推算方法不同　　　　　B. 角度闭合差计算方法不同

C. 坐标增量闭合差计算方法不同　D. 导线全长闭合差计算方法不同

E. 坐标增量改正计算方法不同

四、计算题

1. 用钢尺丈量一条直线，往测丈量的长度为217.30m，返测为217.38m，今规定其相对误差不应大于1/2000，试问：（1）此测量成果是否满足精度要求？（2）按此规定，若丈量100m，往返丈量最大可允许相差多少毫米？

2. 对某段距离往返丈量结果已记录在距离丈量记录表（表S-12）中，试完成该记录表的计算工作，并求出其丈量精度。

表S-12　距离测量记录

测线		整尺段/m	零尺段/m		总计/m	差数/m	精度/m	平均值/m
AB	往	5×50	18.964					
	返	4×50	46.456	22.300				

3. 在对S_3型微倾水准仪进行i角检校时，先将水准仪安置在A和B两立尺点中间，使气泡严格居中，分别读得两尺读数为$a_1=1.573$m，$b_1=1.415$m；然后将仪器搬到A尺附近，使气泡居中，读得$a_2=1.834$m，$b_2=1.696$m。问：（1）正确高差是多少？（2）水准管轴是否平行视准轴？（3）若不平行，应如何校正？

4. 如图S-2所示，在水准点BM1至BM2间进行水准测量，试在水准测量记录表中（表S-13）。

进行记录与计算，并做计算校核（已知BM1=138.952m，BM2=142.110m）。

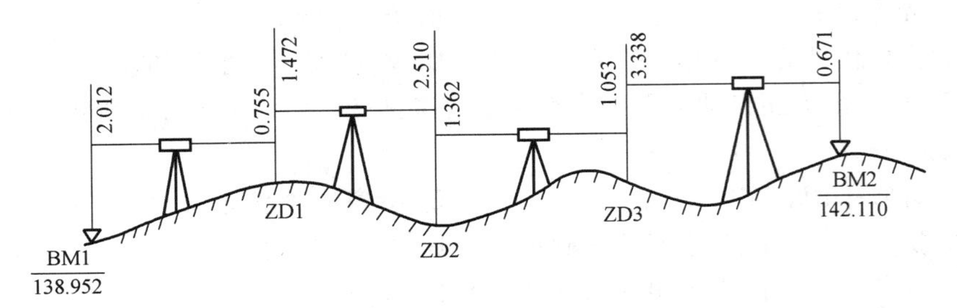

图　S-2

表 S-13　水准测量记录

测点	后视读数/m	前视读数/m	高差/m		高程/m
			+	-	
Σ					

5. 在水准点 BM*A* 和 BM*B* 之间进行水准测量，所测得的各测段的高差和水准路线长如图 S-3 所示。已知 BMA 的高程为 5.612m，BM*B* 的高程为 5.400m。试将有关数据填在水准测量高差调整表中（表 S-14），最后计算水准点 1 和 2 的高程。

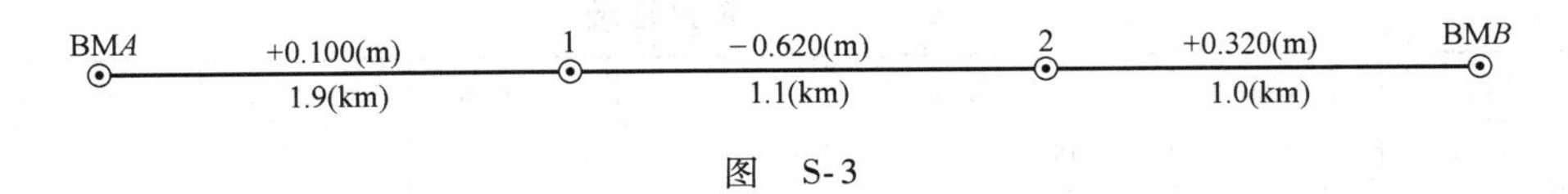

图　S-3

6. 在水准 BMA 和 BM*B* 之间进行普通水准测量，测得各测段的高差及其测站数 n_i 如图 S-4 所示。试将有关数据填在水准测量高差调整表中（表 S-15），最后请在水准测量高差调整表中，计算出水准点 1 和 2 的高程（已知 BMA 的高程为 5.612m，BM*B* 的高程为 5.412m）。

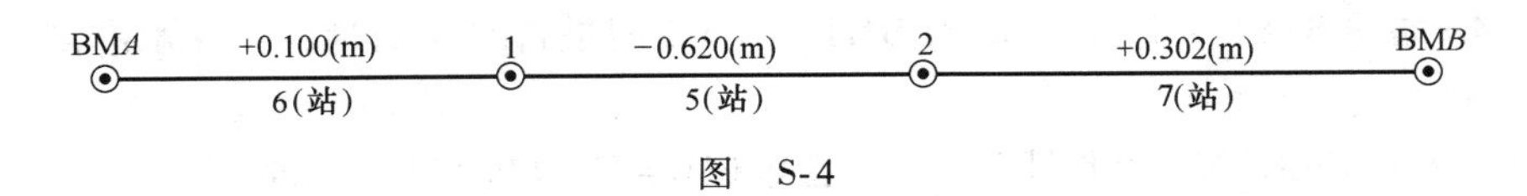

图　S-4

表 S-14 水准测量高程调整

点号	路线长/km	实测高差/m	改正数/mm	改正后高差/m	高程/m
BMA					5.612
1					
2					
BMB					5.400
Σ					

$H_B-H_A=$

$f_h=$

$f_{h允}=$

每公里改正数=

表 S-15 水准测量高程调整

点号	测站数	实测高差/m	改正数/mm	改正后高差/m	高程/m
BMA					5.612
1					
2					
BMB					5.412
Σ					

$H_A-H_B=$

$f_h=$

$f_{h允}=$

每站改正数=

7. 在 B 点上安置经纬仪观测 A 和 C 两个方向。盘左位置先照准 A 点，后照准 C 点，水平度盘的读数为 6°23′30″和 95°48′00″；盘右位置照准 C 点，后照准 A 点，水平度盘读数分别为 275°48′18″和 186°23′18″，将数据记录在测回法测角记录表中（表 S-16），并计算该测回角值是多少。

表 S-16 测回法测角记录

测站	盘位	目标	水平度盘读数 /(°　′　″)	半测回角值 /(°　′　″)	一测回角值 /(°　′　″)	备注

8. 某经纬仪竖盘盘左的注记形式：度盘顺时针刻划，物镜端为 0°时，目镜端为 180°，指标指向 90°位置。将它安置在测站点 O，瞄准目标 P，盘左时竖盘读数是 112°34′24″，盘右时竖盘读数是 247°22′48″。试求：(1) 目标P 的竖直角；(2) 判断该仪器是否有指标差存在；是否需要校正。

9. 某台经纬仪的竖盘构造是：盘左位置，当望远镜水平时，指标指在 90°，竖盘逆时针注记，物镜端为 0°。用这台经纬仪对一高目标 P 进行观测，测得其盘右的读数为 263°18′25″，试确定盘右的竖直角计算公式，并求出其盘右时的竖直角。

10. 某闭合导线，其横坐标增量总和为-0.35m，纵坐标增量总和为+0.46m，如果导线总长度为 1216.38m，则导线全长相对闭合差和边长每 100m 的坐标增量改正数是多少？

11. 已知四边形闭合导线内角的观测值（表 S-17），试在表 S-17 中计算：(1) 角度闭合差；(2) 改正后角度值；(3) 推算出各边的坐标方位角。

表 S-17 闭合导线内角的观测值

点号	角度观测值(右角) /(°　′　″)	改正数 /(°　′　″)	改正后角值 /(°　′　″)	坐标方位角 /(°　′　″)
1	112　15　23			123　10　21
2	67　14　12			
3	54　15　20			
4	126　15　25			
Σ				
$\Sigma\beta=$		$f_\beta=$		

12. 在方向观测法的记录表中（表 S-18），完成其计算工作。

表 S-18 方向观测法记录

测站	测回数	目标	水平度盘读数		2c/(″)	方向值 /(° ′ ″)	归零方向值 /(° ′ ″)	角 值 /(° ′ ″)
			盘左 /(° ′ ″)	盘右 /(° ′ ″)				
M	1	A	00 01 06	180 01 24				
		B	69 20 30	249 20 24				
		C	124 51 24	304 51 30				
		A	00 01 12	180 01 18				

13. 已知测站点高程 $H=81.34\text{m}$，仪器高 $i=1.42\text{m}$，各点视距测量记录见表 S-19。试求出各地形点的平距及高程。（竖直角计算公式为 $\alpha_{左}=90°-L$ ）。

表 S-19 视距测量记录

点号	视距读数 /m	中丝读数 l /m	盘左竖盘读数 /(° ′)	竖角 /(° ′)	平距 /m	初算高差 /m	$i-l$ /m	高差 /m	高程 /m
1	53.6	2.71	87 51						
2	79.3	1.42	99 46						

五、问答题

1. 地面上一点的空间位置在测量工作中是怎样表示的？
2. 什么是绝对高程、相对高程、高差？
3. 试述测量工作平面直角坐标系与教学计算中平面直角坐标系的不同点。
4. 普通测量学的任务是什么？
5. 什么是水准面？
6. 水平面与水准面有何区别？
7. 确定地面点位要做哪些基本测量工作？
8. 在测量中，要采取哪些措施来保证测量成果的正确性？
9. 什么是正、反方位角？
10. 为了保证一般距离丈量的精度，应注意哪些事项？
11. 直线定向的目的是什么？常用什么来表示直线方向？
12. 距离丈量主要有哪些误差来源？
13. 直线定向与直线定线有什么区别？
14. 经纬仪上有哪些制动螺旋和微动螺旋，各有什么作用？
15. 钢尺的名义长度与标准长度有什么区别？
16. 什么是直线定线？
17. 什么是水准仪的视准轴误差？怎样检校？

18. 什么是高差闭合差？怎样调整高差闭合差？
19. 绘图说明水准仪用脚螺旋使圆水准气泡居中的操作步骤。
20. 影响水准测量成果的主要因素有哪些？如何减少或消除？
21. 水准测量中转点应如何选择？
22. 绘图说明水准测量的基本原理。
23. 视差产生的原因是什么？如何消除？
24. 试述在一测站上测定两点高差的观测步骤。
25. 如何进行圆水准器轴平行于竖轴的检校？
26. 为什么观测时要把水准仪安置在两点中间等距处？
27. 试述用测回法观测水平角的观测程序。
28. 指标差怎样检校？
29. 简述在一个测站上观测竖直角的方法和步骤。
30. 水平角观测时应注意哪些事项？
31. 竖角测量中指标差是指什么？
32. 什么叫水平角？
33. 经纬仪上有几对制动、微动螺旋？各起什么作用？如何正确使用？
34. 对中和整平的目的是什么？试述仅有一个水准管的经纬仪的整平操作方法。
35. 什么是竖直角？
36. 闭和导线的内业计算有几步？有哪些闭合差？
37. 什么是基线闭合差、归零差、测回差、$2c$ 互差？
38. 绘图简述四个方向的方向观测法测量。
39. 简述四等水准测量（双面尺）一个测站的观测程序？
40. 导线布置的形式有哪几种？
41. 为敷设经纬仪导线，在选点时应考虑哪些问题？
42. 经纬仪导线测量中，应直接观测哪些元素？
43. 什么是坡度？在地形图上怎样确定两点间的坡度？
44. 什么是地形图比例尺？
45. 什么是比例尺的精度？
46. 表示地物的符号有哪几种？请举例说明。
47. 施工测量遵循的基本原则是什么？
48. 测设的基本工作有哪些？
49. 测设点的平面位置的哪些方法？
50. 简述精密测设水平角的方法、步骤。
51. 建立方格控制网应依据哪些原则？

52. 怎样用已建方格网测设园林建筑主轴线?

53. 怎样进行园林建筑物的定位?

54. 园林建筑基础放样的主要内容是什么?

55. 如何对规则种植区林木种植进行测设?